SIMONE LEAL SCHWERTL

# Construções Geométricas & Geometria Analítica

***Construções Geométricas e Geometria Analítica***

***Copyright© Editora Ciência Moderna Ltda., 2012***

Todos os direitos para a língua portuguesa reservados pela EDITORA CIÊNCIA MODERNA LTDA.
De acordo com a Lei 9.610, de 19/2/1998, nenhuma parte deste livro poderá ser reproduzida, transmitida e gravada, por qualquer meio eletrônico, mecânico, por fotocópia e outros, sem a prévia autorização, por escrito, da Editora.

**Editor:** Paulo André P. Marques
**Supervisão Editorial:** Aline Vieira Marques
**Assistente Editorial:** Laura Santos Souza
**Capa:** Cristina Satchko Hodge
**Diagramação:** Abreu's System
**Copidesque:** Nancy Juozapavicius

Várias **Marcas Registradas** aparecem no decorrer deste livro. Mais do que simplesmente listar esses nomes e informar quem possui seus direitos de exploração, ou ainda imprimir os logotipos das mesmas, o editor declara estar utilizando tais nomes apenas para fins editoriais, em benefício exclusivo do dono da Marca Registrada, sem intenção de infringir as regras de sua utilização. Qualquer semelhança em nomes próprios e acontecimentos será mera coincidência.

**FICHA CATALOGRÁFICA**

***SCHWERTL, Simone Leal.***

***Construções Geométricas e Geometria Analítica***

Rio de Janeiro: Editora Ciência Moderna Ltda., 2012.

1. Geometria
I — Título

ISBN: 978-85-399-0201-9 CDD 516

**Editora Ciência Moderna Ltda.**
**R. Alice Figueiredo, 46 – Riachuelo**
**Rio de Janeiro, RJ – Brasil CEP: 20.950-150**
**Tel: (21) 2201-6662/ Fax: (21) 2201-6896**
**E-MAIL: LCM@LCM.COM.BR**
**WWW.LCM.COM.BR** **01/12**

*A minha amiga Regina Helena Dolce*

*Aos meus maiores amores: Dieter, Mariane, Clara e Vitória..*

# Agradecimentos

A Noelly S. Goedert pela elaboração de todas as figuras deste material.

Ao amigo Hamilton Petito pelas correções apontadas.

A professora Tânia Baier por acreditar na proposta deste livro.

A minha família, pela paciência e pela compreensão.

Ao mestre Cláudio Loesch pelas importantes contribuições.

E finalmente a todos os alunos do curso de graduação em Matemática da Universidade Regional de Blumenau.

# Prefácio

A geometria é a parte da matemática cujo objeto é o estudo do espaço e das figuras que podem ocupá-lo. Encontra-se na base da Matemática, a rainha das ciências, que, nas palavras do eminente príncipe da matemática, afirmou: "Sempre me pareceu estranho que todos aqueles que estudam seriamente esta ciência acabam tomados de uma espécie de paixão pela mesma. Em verdade, o que proporciona o máximo prazer não é o conhecimento e sim a aprendizagem, não é a posse, mas a aquisição, não é a presença mas o ato de atingir a meta".

Usamos a matemática em todos os setores de nossa vida. Mais ainda, usamos principalmente a geometria. Constantemente referimo-nos às formas geométricas das coisas que nos cercam, traçamos segmentos de reta entre pontos para representar um caminho mais curto, e aí por fora.

Os Elementos de Euclides é provavelmente, após a Bíblia, o livro mais reproduzido e estudado na história do mundo ocidental. Foi o texto mais influente de todos os tempos. Esta obra é considerada um dos maiores best-sellers de sempre. Obra admirada pelos matemáticos e filósofos de todos os países e de todos os tempos pela pureza do estilo geométrico e pela concisão luminosa da forma, modelo lógico para todas as ciências físicas pelo rigor das demonstrações e pela maneira como são postas as bases da geometria.

Estudar geometria nunca é demais. Com alicerce nesta premissa, a presente obra contribui para uma compreensão clara do tema. Ela reúne o Desenho

Geométrico, a Geometria Plana e suas construções a partir de régua, compasso, esquadro e transferidor, fornece os fundamentos da Geometria Analítica, que é o uso da álgebra para representar os entes geométricos e estende-se ao Desenho Projetivo no espaço. Este é o grande mérito do livro: fornece uma abordagem completa num só livro, escrito em linguagem de fácil compreensão, simplicidade e clareza.

Os alunos de cursos de graduação que necessitam da geometria, como Matemática, Arquitetura e outros, certamente serão beneficiados pelo estudo da obra. As construções geométricas expostas e os conceitos introduzidos fluem de maneira ordenada e natural, não constituindo um novelo de complexidades crescentes com barreiras intransponíveis e desanimadoras, mas sim uma leitura prazerosa e agradável, em cujo empenho o leitor certamente sentir-se-á recompensado ao acompanhar o desenrolar dos conteúdos.

Sem dúvida, uma contribuição original significativa à educação matemática.

Blumenau, fevereiro de 2011.
Claudio Loesch.

**Claudio Loesch**

Possui graduação em Matemática pelo Fundação Universidade Regional de Blumenau (1975) , mestrado em Matemática e Computação Científica pela Universidade Federal de Santa Catarina (1981) , doutorado em Engenharia de Produção pela Universidade Federal de Santa Catarina (1995) e pós-doutorado pela Universitat Kaiserlautern (1998) .

# Sumário

# Capítulo 1

# Introdução

Ao analisarmos livros de Geometria Analítica Plana e Espacial, livros de Geometria Descritiva e de Desenho Geométrico, percebemos que muitos de seus conceitos estão relacionados. Em especial, quando tomamos livros de Geometria Analítica Espacial, percebemos que alguns de seus teoremas básicos são demonstrados, assumindo que o leitor tem conhecimento de noções básicas de desenho projetivo ortogonal. No entanto, a experiência com estudantes ingressantes dos cursos de Engenharia e Matemática tem nos mostrado que a percepção espacial desses alunos, no que se refere à representação e visualização de uma figura tridimensional projetada em uma superfície plana, está bastante comprometida. Acreditamos que essas sejam consequências da extinção de disciplinas específicas de Desenho Geométrico e Geometria Descritiva, fato que nos leva a questionar em que momento da vida escolar um aluno virá a ter contato com instrumentos como o compasso, o par de esquadros e o transferidor e, principalmente, a quem foi transferida essa responsabilidade.

Alguns livros didáticos de Matemática do Ensino Fundamental e Médio trazem sugestões de atividades envolvendo construções geométricas auxiliadas por instrumentos geométricos. Resta saber se os professores de Matemática as estão colocando em prática em suas aulas, ou ainda se esses têm consciência de que se não colocarem os instrumentos geométricos na mão de um aluno, esse poderá não ter outra oportunidade.

Sabemos que os professores de Matemática têm tido seu espaço em horas aula cada vez mais reduzido para executar a tarefa de ensinar matemática e, portanto, muitas vezes têm que fazer "escolhas" no que diz respeito ao que ensinar no tempo que lhes foi destinado. Dessa forma, assumir mais responsabilidades pode parecer impossível.

De maneira geral, podemos colocar que a Geometria Analítica, o Desenho Geométrico e parte da Geometria Descritiva estudam figuras geométricas e suas propriedades com enfoques diferentes: a primeira faz um estudo **algébrico** dos entes geométricos, e as duas últimas fazem um estudo **gráfico**. Essas diferenças só justificam uma aproximação cada vez maior dessas áreas, e o nosso maior desafio como professores é encontrar métodos que se adaptem ao tempo e à grade curricular.

Em 1994, em um curso de especialização, escrevemos uma monografia intitulada "Geometria Analítica e Desenho Geométrico"; iniciamos com esse trabalho o desenvolvimento de uma proposta metodológica para o ensino de Geometria Analítica Plana, auxiliada por fundamentos de Desenho Geométrico. Essa proposta nasceu da experiência lecionando Desenho Geométrico no Ensino Fundamental e Geometria Analítica no Ensino Médio, uma vez que foi possível perceber que muitos dos problemas de Geometria Analítica Plana requisitavam conceitos vistos na disciplina de Desenho Geométrico, e que a solução gráfica desses problemas poderia ser enriquecida com o uso de instrumentos como compasso, par de esquadros e transferidor. Na ocasião, essa proposta foi testada em duas turmas do terceiro ano do Ensino Médio e os resultados estatísticos das avaliações realizadas com os alunos nos permitiram concluir que estávamos no caminho certo.

Sabemos que enquanto um estudante consegue formar conceitos através de operações simbólicas e abstratas, outro poderá fazê-lo com mais facilidade por meio de experiências concretas e operacionais. A experiência em sala de aula nos mostra que quando o aluno tem oportunidade de "pensar" através da experiência do fazer, do medir, do planejar, do sentir, do ver com os próprios olhos e do viver, o que se pretende ensinar é assimilado com mais facilidade e eficácia. Porém acreditamos que não é o número de práticas o mais importante na aprendizagem escolar, mas sim o resultado das conexões aprendidas. Se estas forem autorrealizadoras e prazerosas, a força da conexão é aumentada e a possibilidade de se desfazer com o tempo é menor.

Geralmente, quando se ensina Geometria Analítica, alguns lugares geométricos[1] são lembrados muito superficialmente; o professor os cita e mostra um esboço gráfico que auxilia nas investigações analíticas. Feita a demonstração de uma fórmula ou de uma propriedade, professor e alunos abandonam o desenho ou a representação gráfica e estudar Geometria Analítica acaba resumindo-se em apenas decorar fórmulas.

Com o passar dos anos, temos avançado na proposta metodológica trabalhando no curso de graduação em Matemática da Universidade Regional de Blumenau disciplinas que relacionam conceitos de Geometria Analítica Plana e Espacial, e princípios básicos de Desenho Geométrico e Desenho Projetivo Ortogonal. Os resultados positivos dessa prática têm sido observados por professores de Cálculo Diferencial e Integral, que afirmam estar constatando avanços significativos na percepção gráfica espacial dos alunos, destacando que esse fato vem facilitando a introdução de conceitos que envolvem o Espaço Tridimensional.

A experiência da prática de ensino de Geometria Analítica Espacial com o auxílio de fundamentos do Desenho Projetivo Ortogonal tem nos mostrado o prazer dos alunos ao compreenderem, e principalmente, visualizarem as propriedades geométricas necessárias para demonstrações de fórmulas e propriedades.

Com a extinção do Desenho Geométrico e da Geometria Descritiva como disciplinas do ensino fundamental e médio, respectivamente, vimos na Geometria Analítica um espaço real e necessário para a continuidade das mesmas, de forma que o aluno viesse novamente a integrar número e forma no ensino de Geometria Analítica.

1 Lugares Geométricos: uma figura é denominada lugar geométrico dos pontos que possuem uma propriedade quando e somente quando:

a) todos os pontos da figura possuem a propriedade;

b) somente os pontos dessa figura possuem a propriedade.

Procuramos com os exemplos colocados neste trabalho, mostrar aos colegas professores que podemos abrir um pequeno espaço em nossas aulas de Geometria Analítica Plana e Espacial para o Desenho Geométrico e para o Desenho Projetivo Ortogonal. Motivando, desta forma, nossos alunos a fazerem suas deduções no plano ($\Re^2$) e no espaço ($\Re^3$), a partir de construções geométricas realizadas com o auxílio de instrumentos como o compasso e o par de esquadros. Segundo Putnoki (1988), "A rigor, ensinar geometria sem esses instrumentos é como dar a uma criança um triciclo sem uma das rodas traseiras. (...) além de abrir mão de ferramentas cujo alcance didático é inesgotável".

Sabemos ainda que os avanços da computação gráfica podem contribuir efetivamente para o desenvolvimento da percepção espacial dos estudantes, mas esse não foi o foco deste trabalho, deixando essa abordagem para ser explorada em trabalhos futuros, que possam adaptar a presente proposta pedagógica a um ambiente virtual que potencialize os seus resultados.

# Capítulo 2

# Instrumentos

Além de lápis, régua e borracha, para executar construções geométricas, necessitaremos de um compasso, de um transferidor e de um par de esquadros. A seguir, trazemos alguns esclarecimentos sobre esses instrumentos.

## 2.1. O Compasso

O compasso será um grande aliado na execução de construções geométricas. É um instrumento utilizado para traçar circunferências, arcos e para transportar medidas.

Para obtermos maior precisão ao utilizar um compasso, alguns cuidados devem ser tomados:

- ❖ A ponta de grafite e a ponta seca (de metal) deverão estar sempre no mesmo nível conforme figura 2.2.

- ❖ O grafite deve ser lixado obliquamente (em bísel) e a parte lixada (chanfro) deve ficar para fora conforme figura 2.1.

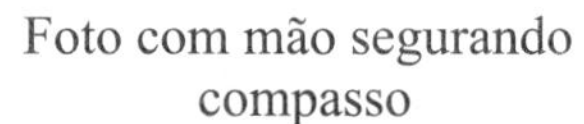


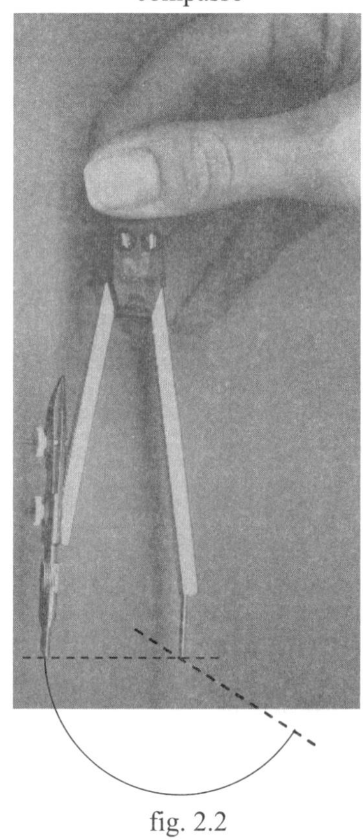

fig. 2.2

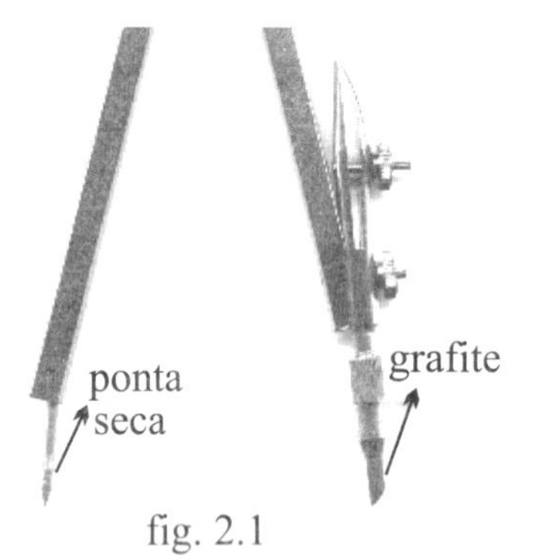


fig. 2.1

## 2.2. O Transferidor

O transferidor é um instrumento usado para medir e construir ângulos. Pode ser feito de plástico ou de acrílico. A figura 2.3 ilustra os dois modelos básicos de transferidor.

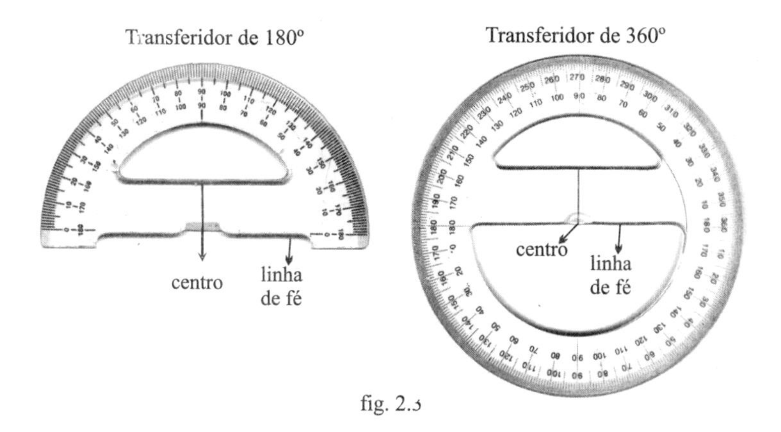


fig. 2.3

## 2.3. O Par de Esquadros

O par de esquadros será usado principalmente para traçar retas paralelas e perpendiculares.

Os esquadros têm a forma de triângulos retângulos. Um deles é isósceles (2 lados iguais) e outro é escaleno (3 lados diferentes), como mostra a figura 2.4.

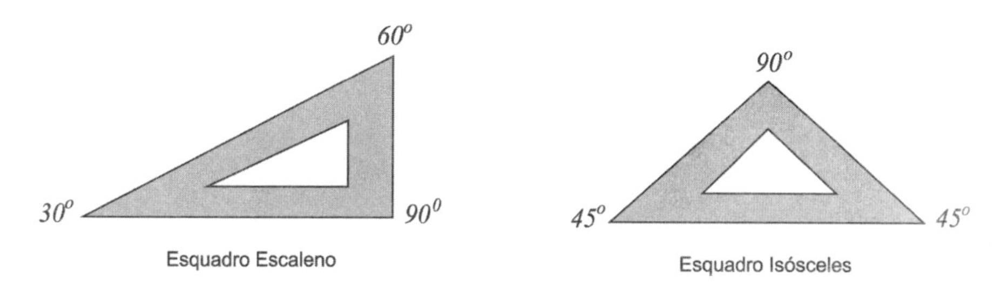


fig. 2.4

# Capítulo 3

# Conceitos Básicos de Geometria Plana

A essência de todo conhecimento de geometria estudado nos dias atuais, foi organizada pela primeira vez pelo célebre matemático grego Euclides (300 A.C.) em sua obra “Elementos”.

A obra *Elementos*, composta por 13 livros, é a mais reproduzida e estudada depois da Bíblia. Em *Elementos* Euclides apresenta pela primeira vez toda a geometria estudada na época de forma sistemática, encadeada e lógica, de forma que as propriedades e teoremas da geometria métrica elementar são demonstrados de forma rigorosa a partir de definições e de um reduzido número de axiomas ou postulados (conceitos e proposições admitidos sem demonstração).

Para iniciarmos um estudo de Geometria Analítica é importante relembrarmos alguns conceitos básicos de Geometria Plana.

## 3.1 Entes Fundamentais da Geometria

O ponto, a reta e o plano são entes fundamentais da Geometria e por isso não possuem definição. A seguir trazemos algumas convenções que auxiliam na compreensão desses entes geométricos.

## 3.1.1. O Ponto

O ponto é um ente geométrico que não tem partes. Os pontos são identificados por letras latinas maiúsculas e representados geometricamente por "bolinhas" feitas com a ponta de um lápis ou pela intersecção de dois "tracinhos", conforme figura 3.1 abaixo.

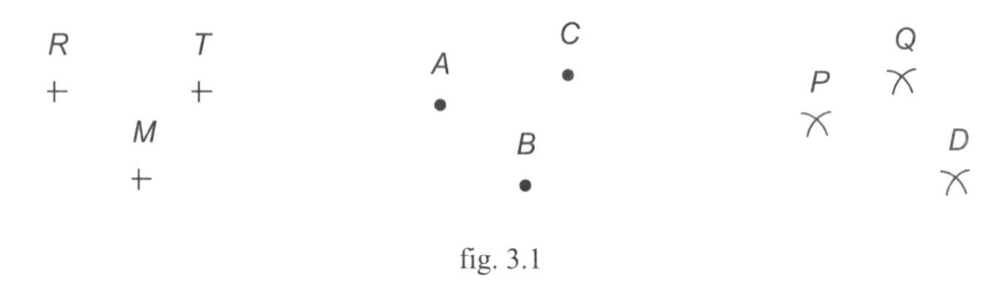


fig. 3.1

## 3.1.2. A Reta

Para representarmos geometricamente com maior clareza uma reta, devemos primeiramente pensar em uma linha. A linha também é um ente fundamental da geometria. Podemos colocar que a linha é um conjunto de pontos sucessivos em uma sequência infinita, ou seja, não tem começo e nem fim. A partir dessa colocação, podemos afirmar que a reta é uma linha que possui uma única direção, e para identificá-la usaremos as letras minúsculas do alfabeto latino (s, r, t, ...).

fig. 3.2

## Segmento de reta

Segmento de reta é uma parte da reta delimitada por dois de seus pontos distintos, chamados de extremidades. Na figura 3.3 os pontos *P* e *Q* são os extremos do segmento $\overline{PQ}$ ou $\overline{QP}$ e a reta *s* é chamada de reta suporte do segmento $\overline{PQ}$. É importante colocarmos que todo segmento de reta tem uma reta suporte, mas ela pode ser omitida na representação geométrica como mostra a figura 3.4.

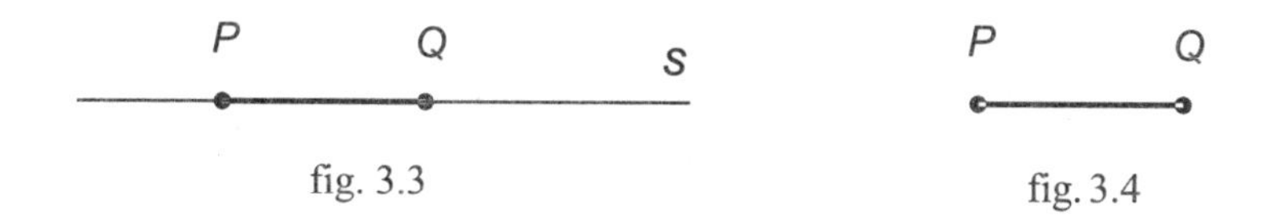


fig. 3.3 fig. 3.4

## Semirreta

A semirreta é uma parte da reta que possui apenas uma extremidade, chamada de ponto de origem, seguindo infinitamente em apenas um sentido. Na figura 3.5 o ponto B é a origem da semirreta $\overrightarrow{BA}$ e o ponto A, distinto de B, foi colocado apenas para dar a direção da semirreta.

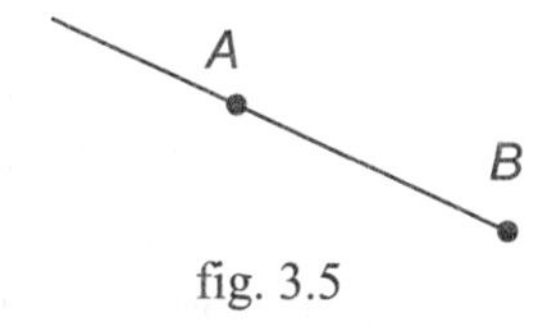


fig. 3.5

## 3.1.3. O Plano

O plano geralmente é representado geometricamente por um paralelogramo como mostra a figura 3.6, no entanto temos sempre que lembrar que esse se estende infinitamente em todas as direções. A identificação de planos será feita usando letras do alfabeto grego ($\alpha$, $\beta$, $\lambda$, ...).

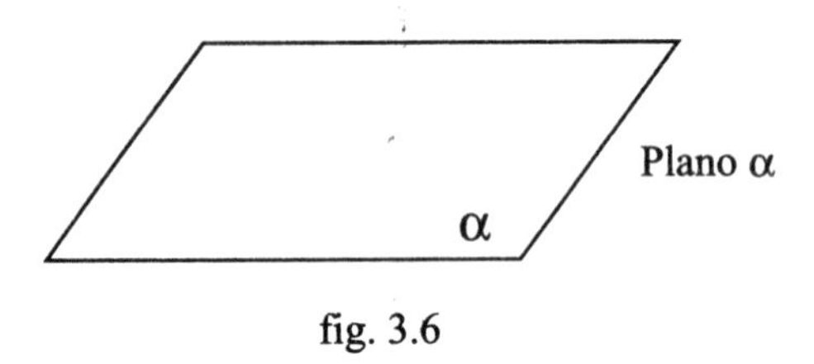


fig. 3.6

# 3.2. Ângulo

O ângulo é uma figura geométrica formada por duas semirretas de mesma origem.

Na figura 3.7 as semirretas $\overrightarrow{OA}$ e $\overrightarrow{OB}$ são os lados do ângulo, e o ponto O é chamado de vértice do ângulo.

Na figura 3.8 mostramos que o ângulo AÔB divide o plano em duas regiões; logo, temos dois ângulos. Sendo assim, deve-se colocar um arco dentro do ângulo para melhor identificá-lo, como foi feito nas figuras 3.7 e 3.9.

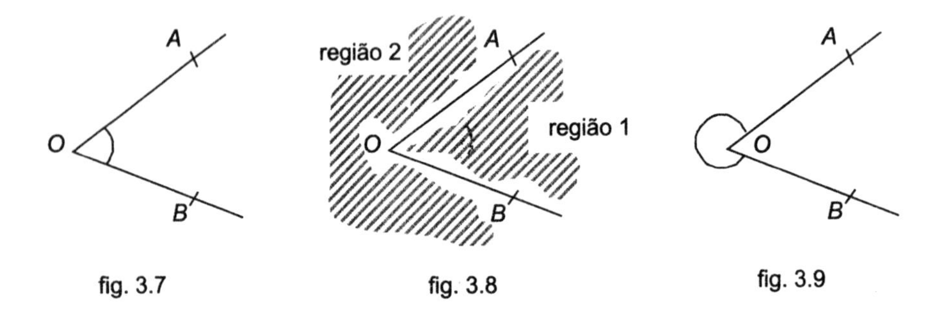


fig. 3.7 fig. 3.8 fig. 3.9

A identificação de um ângulo pode ser feita por letras latinas maiúsculas com acento circunflexo no vértice do ângulo ou por letras gregas minúsculas, conforme ilustra a figura 3.10.

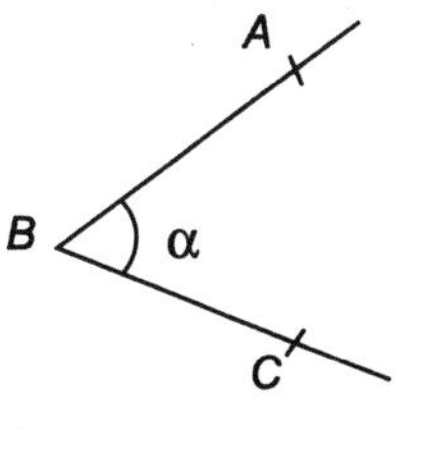


Ângulo: $A\hat{B}C$ ou $C\hat{B}A$ (acento circunflexo no vértice do ângulo)

Ou simplesmente ângulo $\hat{B}$, ou ainda ângulo α.

fig.3.10

É muito importante lembrarmos que a medida de um ângulo está na sua abertura e não no tamanho de seus lados, já que esses são infinitos.

Um ângulo pode ser medido em graus ou em radianos. No nosso estudo a unidade usada será o grau e o instrumento usado para medir será o transferidor.

Curiosidade! Diferença entre grau e radiano

- 1 grau equivale a $\frac{1}{360}$ da circunferência na qual está contido o arco que compreende o ângulo. Ou seja, se dividirmos uma circunferência em 360 partes iguais, cada parte equivalerá a 1 grau.

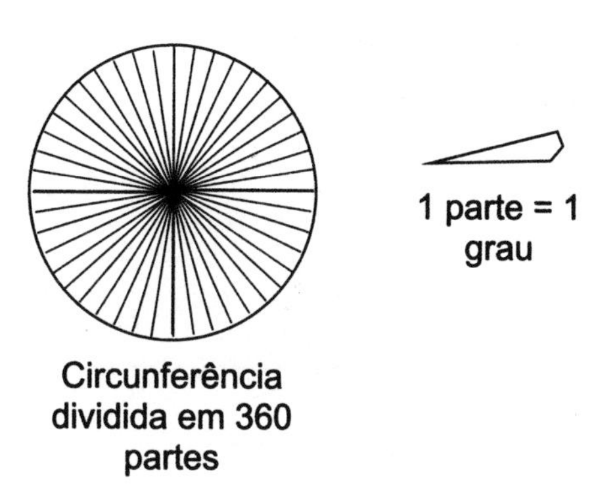


fig. 3.11

❖ Radiano: Quando medimos um ângulo em radianos, estamos determinando quantas vezes o raio, que gerou a circunferência, está contido no arco que compreende o ângulo.

Vamos tentar esclarecer essa ideia recorrendo ao círculo trigonométrico que possui raio unitário e analisando as seguintes questões:

Se perguntarmos quanto mede em graus meia circunferência?

Resposta: 180°

Quanto mede em radianos meia circunferência?

Resposta: π radianos

Mas por que π radianos?

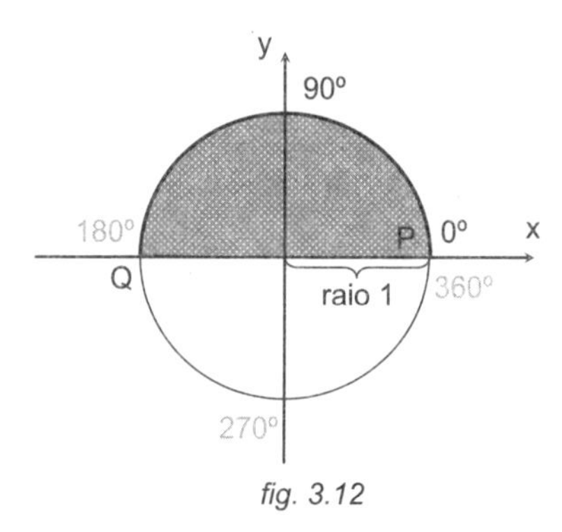


*fig. 3.12*

Resposta: Se retificássemos o arco *PQ* (figura 3.12), observaríamos que o raio unitário que gera a circunferência trigonométrica caberá 3,1415... vezes dentro do arco do ângulo. Observe a figura 3.13, abaixo:

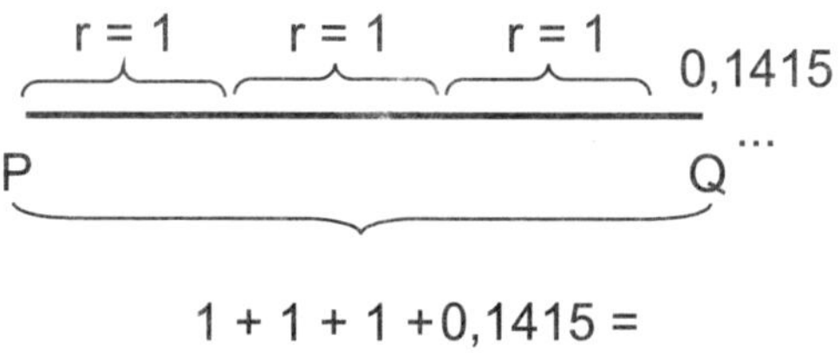

r = 1 r = 1 r = 1 0,1415

P Q...

1 + 1 + 1 +0,1415 =
3,1415rad ou π rad

fig. 3.13

Desafio: Quanto mede em graus um ângulo de 1 radiano? Ilustre na circunferência trigonométrica!

Resp.: $1rad \cong 57^{\circ}$

## 3.2.1. Classificação dos ângulos quanto à sua medida

### Ângulo agudo:

É qualquer ângulo cuja medida seja maior do que 0° e menor que 90°.

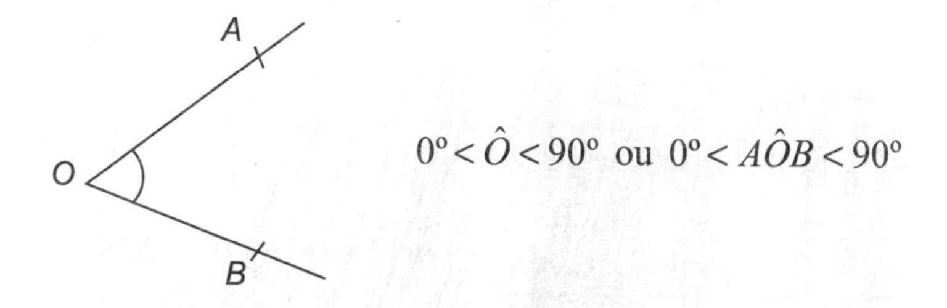


$$0^{\circ} < \hat{O} < 90^{\circ} \text{ ou } 0^{\circ} < A\hat{O}B < 90^{\circ}$$

fig. 3.14

### Ângulo Reto:

É o ângulo que mede exatamente 90°.

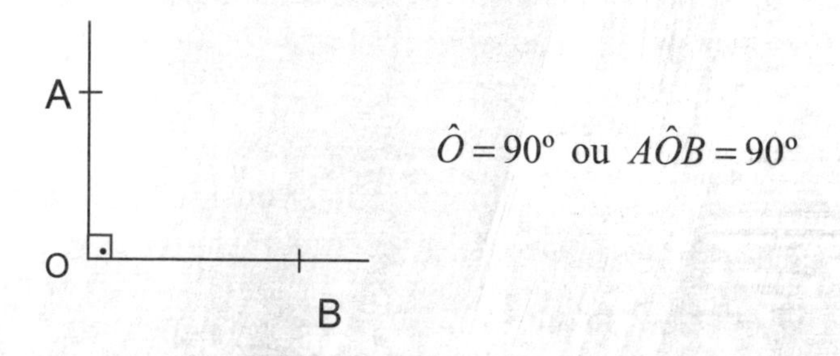


$$\hat{O} = 90^{\circ} \text{ ou } A\hat{O}B = 90^{\circ}$$

fig. 3.15

## Ângulo Obtuso:

É qualquer ângulo cuja medida seja maior que 90º e menor que 180º.

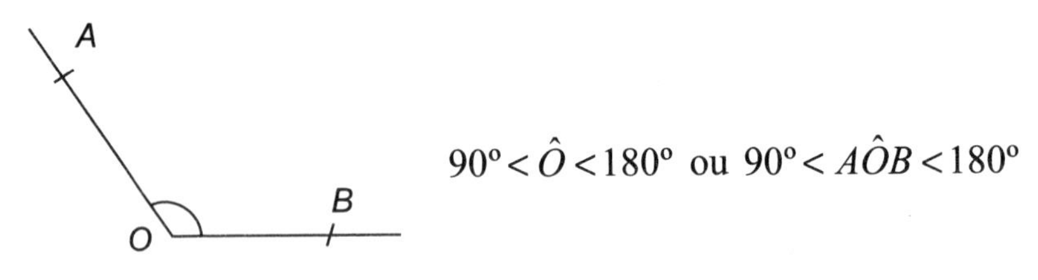


$$90^\circ < \hat{O} < 180^\circ \text{ ou } 90^\circ < A\hat{O}B < 180^\circ$$

fig. 3.16

## Ângulo Raso:

É o ângulo que mede exatamente 180º

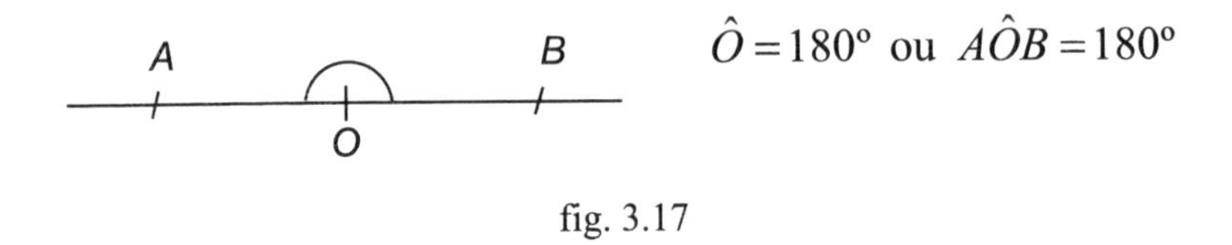


$$\hat{O} = 180^\circ \text{ ou } A\hat{O}B = 180^\circ$$

fig. 3.17

## Ângulo Côncavo:

É qualquer ângulo cuja medida seja maior que 180º e menor que 360º.

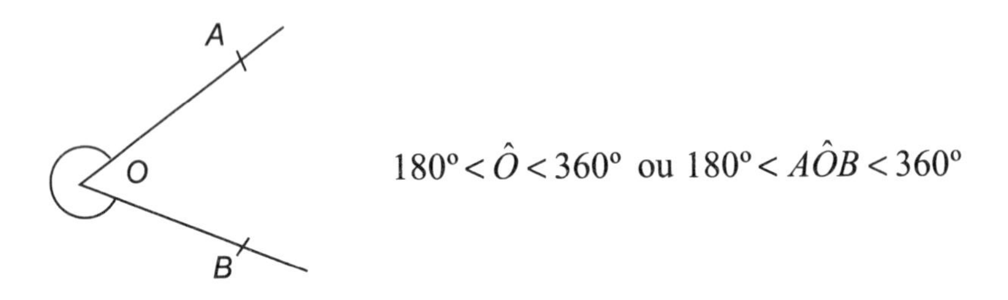


$$180^\circ < \hat{O} < 360^\circ \text{ ou } 180^\circ < A\hat{O}B < 360^\circ$$

fig. 3.18

## Ângulo de volta inteira ou nulo:

É o ângulo que mede 360º ou 0º.

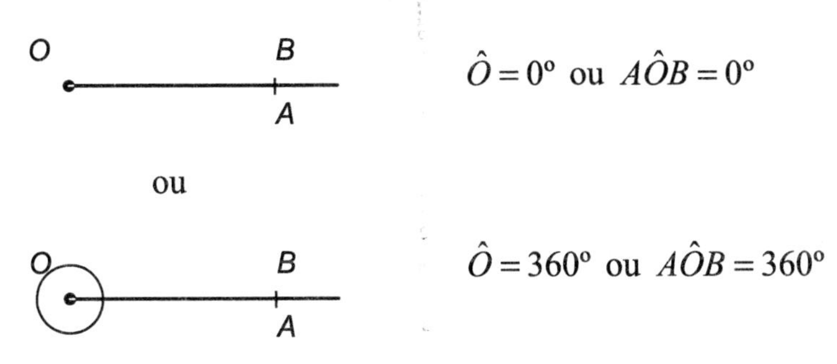


$\hat{O} = 0^\circ$ ou $A\hat{O}B = 0^\circ$

$\hat{O} = 360^\circ$ ou $A\hat{O}B = 360^\circ$

fig. 3.19

Obs.: nos dois casos da fig. 3.19 a semirreta $\overrightarrow{OA}$ coincide com a semirreta $\overrightarrow{OB}$.

# 3.3. Figuras Semelhantes

Muitas propriedades usadas pela Geometria Analítica são deduzidas apoiando-se na teoria de triângulos semelhantes. Desta forma, torna-se bastante relevante saber reconhecer quando dois triângulos são semelhantes.

Matematicamente *figuras* são ditas semelhantes se, e somente se, todos os *seus segmentos correspondentes são proporcionais* e ainda se todos os *ângulos correspondentes* (ou homólogos) forem *congruentes*.

Exemplos 1: Observemos os dois quadriláteros da figura 3.20. Os quadriláteros são ou não semelhantes?

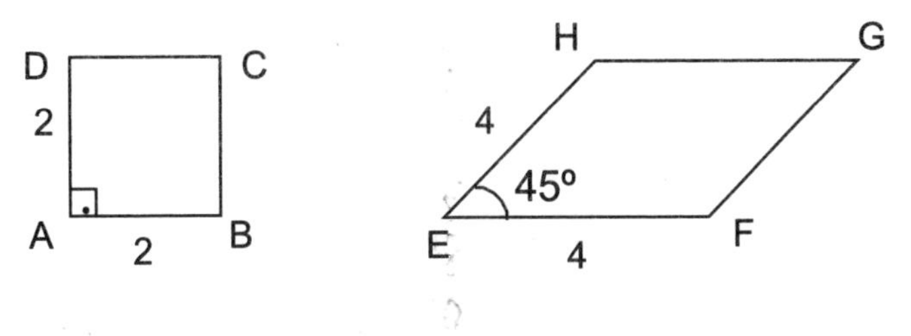


fig. 3.20

Por uma análise visual poderíamos dizer que as figuras ***não são semelhantes***, pois não tem a mesma forma.

Para provar matematicamente que as figuras *não são semelhantes* primeiramente verificaremos se os lados correspondentes são proporcionais.

Tomando a razão entre os lados correspondentes, teremos:

$$\frac{\overline{AB}}{\overline{EF}}=\frac{\overline{BC}}{\overline{FG}}=\frac{\overline{CD}}{\overline{GH}}=\frac{\overline{DA}}{\overline{HE}}=\frac{2}{4}=\frac{1}{2}$$

Como as *razões são iguais* podemos afirmar que os *lados correspondentes são proporcionais*.

Mas para que figuras sejam semelhantes, além de terem os lados proporcionais, elas também devem ter *os ângulos correspondentes congruentes* (da mesma medida). Desta forma comparando os ângulos correspondentes, teremos:

$$\hat{A}\neq\hat{E} \qquad \hat{B}\neq\hat{F} \qquad \hat{C}\neq\hat{G} \qquad \hat{D}\neq\hat{H}$$

Como os ângulos correspondentes *não tem a mesma medida* (não são congruentes), podemos afirmar matematicamente que os paralelogramos da fig. 3.20 *não são semelhantes*.

Exemplo 2: Os paralelogramos da figura 3.21, apesar de terem a mesma forma, não são semelhantes.

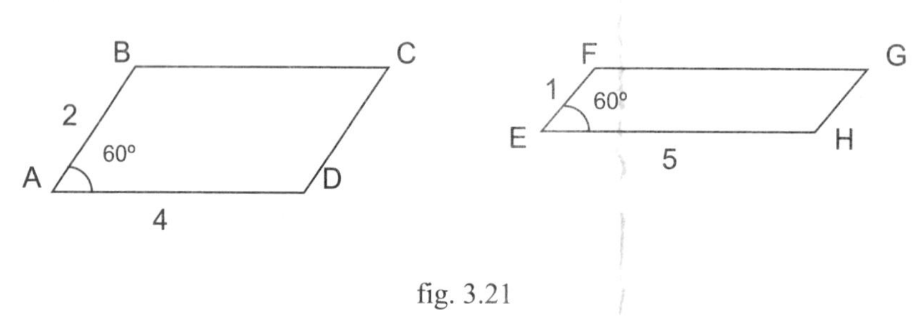


fig. 3.21

Se tomarmos as razões dos lados correspondentes, teremos:

$$\frac{\overline{AB}}{\overline{EF}} = \frac{2}{1} \qquad \frac{\overline{BC}}{\overline{FG}} = \frac{4}{5}$$

Como a razão entre os lados correspondentes não são iguais, podemos afirmar que os lados correspondentes não são proporcionais, e portanto, matematicamente, os paralelogramos da figura 3.21 não são semelhantes.

## 3.4. Triângulos Semelhantes

Como já foi colocado, muitas fórmulas usadas pela Geometria Analítica são deduzidas apoiando-se na teoria de triângulos semelhantes. Para verificar se dois triângulos são semelhantes basta observarmos apenas uma das propriedades de figuras semelhantes.

Dessa forma, existem três casos de semelhanças de triângulos:

**1º caso**: AAA

Dois triângulos são semelhantes se possuírem os três ângulos correspondentes congruentes (de mesma medida). Automaticamente os lados homólogos (correspondentes) serão proporcionais.

Exemplo:

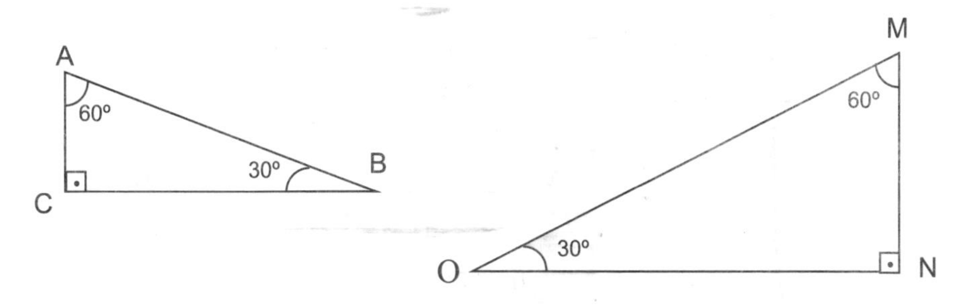


fig. 3.22

Os triângulos ABC e MNO (fig. 3.22) são semelhantes, pois
$\hat{A} \cong \hat{M}, \quad \hat{C} \cong \hat{N}, \quad \hat{B} \cong \hat{O}$.

**2º caso:** LLL

Dois triângulos são semelhantes se possuírem os lados homólogos proporcionais, pois automaticamente os ângulos correspondentes serão congruentes **(terão a mesma medida)**.

Exemplo:

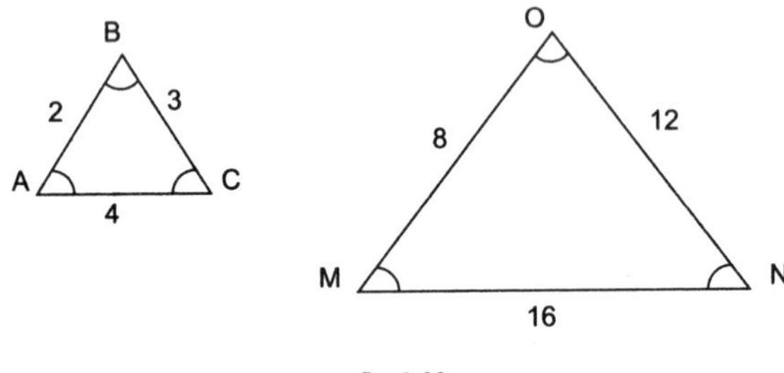


fig. 3.23

Os triângulos ABC e MNO da fig. 3.23 *são semelhantes*, pois:

$$\frac{\overline{AB}}{\overline{MO}} = \frac{\overline{AC}}{\overline{MN}} = \frac{\overline{BC}}{\overline{ON}} = \frac{2}{8} = \frac{4}{16} = \frac{3}{12} = \boxed{\frac{1}{4}}$$ razão de semelhança é a mesma.

**3º caso:** LAL

Dois triângulos são semelhantes se têm dois lados proporcionais e o ângulo compreendido entre estes lados é congruente.

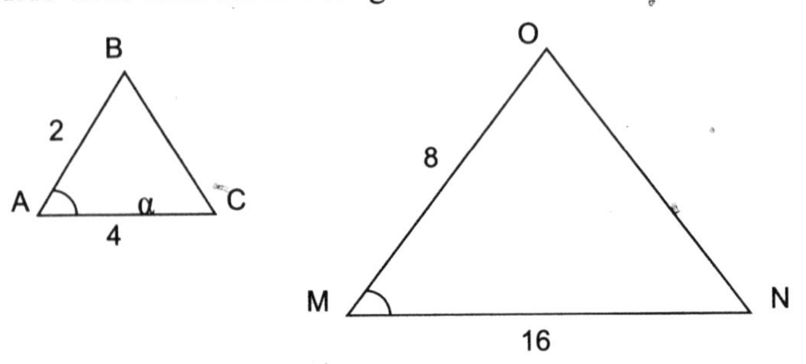


fig. 3.24

Os triângulos ABC e MNO da fig. 3.24 *são semelhantes*, pois:

$$\frac{\overline{AB}}{\overline{MO}} = \frac{\overline{AC}}{\overline{MN}} = \frac{2}{8} = \frac{4}{16} = \frac{1}{4} \text{ e } \hat{A} \cong \hat{M} = \alpha.$$

# Capítulo 4

## Construções Elementares

### 4.1. Construção de ângulos com auxílio do transferidor

Trazemos a seguir um exemplo detalhado da construção de um ângulo com o auxílio do transferidor.

**Exemplo:**

Construir um ângulo de 40º.

1º passo: Traçamos a semirreta $\overrightarrow{OA}$ que será um dos lados do ângulo. (figura 4.1)

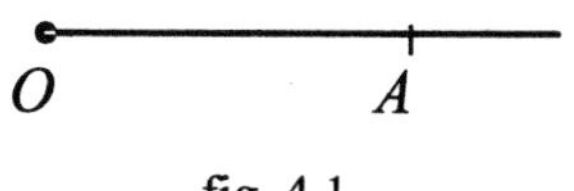


fig. 4.1

2º passo: Posicionamos o centro do transferidor na origem da semirreta e a linha de fé sobre a semirreta (ver capítulo II). Marcamos o ponto B na medida desejada. No nosso exemplo, 40º. (figura 4.2)

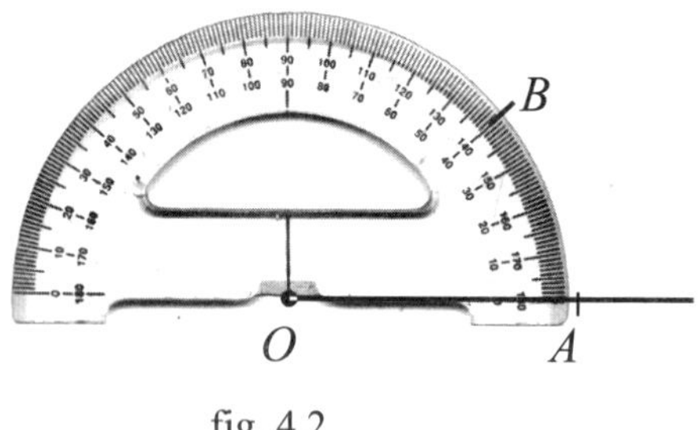


fig. 4.2

3º passo: Retiramos o transferidor e unimos o ponto B ao ponto O. Traçamos um arco para identificar o ângulo. (figura 4.3)

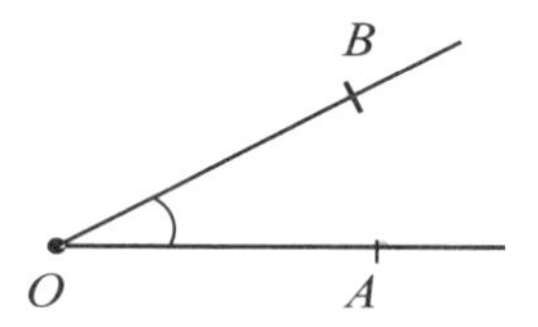


$\hat{O} = 40^\circ$ ou $A\hat{O}B = 40^\circ$

fig. 4.3

### Sugestão de exercício

1) Construir com o auxílio do transferidor os ângulos indicados abaixo:

a) 70º b) 130º c) 220º d) 310º

## 4.2. Bissetriz de um ângulo

### 4.2.1. Definição

A bissetriz de um ângulo é o lugar geométrico dos pontos que equidistam dos lados desse ângulo.

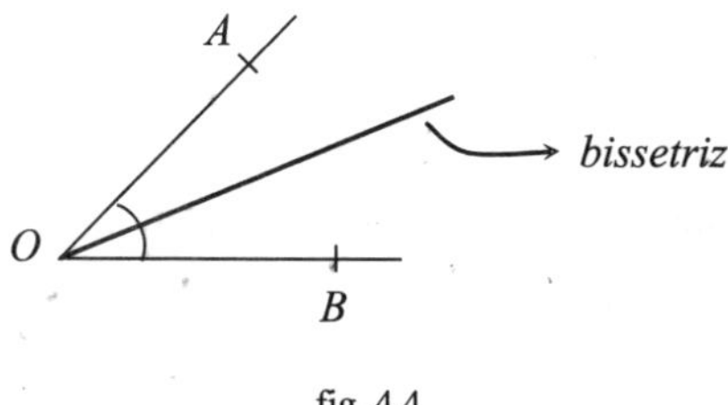


fig. 4.4

Ao observarmos a figura acima, é fácil percebermos que a bissetriz do ângulo é uma semirreta com origem no vértice do ângulo e que divide o ângulo em dois ângulos congruentes.

Se marcarmos um ponto C qualquer sobre a bissetriz, teremos:

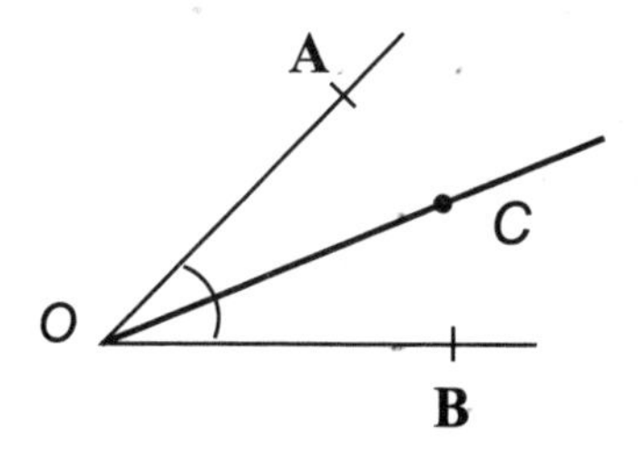


fig. 4.5

$\overrightarrow{OC}$ é a bissetriz de Ô e

$A\hat{O}C \cong C\hat{O}B$

(lê-se: o ângulo AÔC é congruente ao ângulo CÔB, ou seja, tem a mesma medida)

## 4.2.2. Traçado da Bissetriz de um Ângulo

Neste item mostraremos como traçar a bissetriz de um ângulo com o auxílio do compasso.

Problema: Seja o ângulo AÔB , traçar a sua bissetriz.

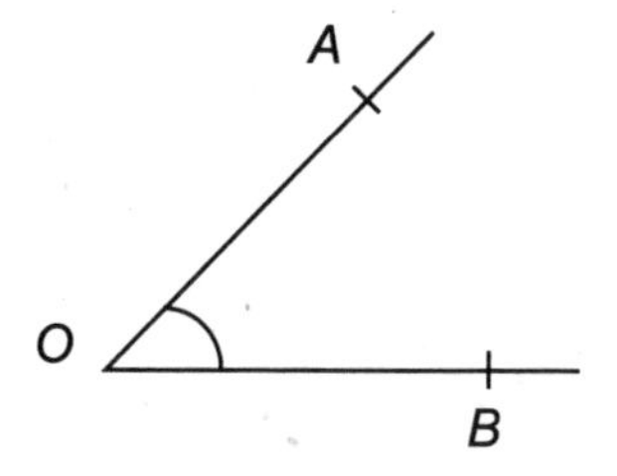

## Procedimentos:

1) Com o centro do compasso no ponto O e raio qualquer (ou abertura qualquer do compasso), traçamos um arco que corta os lados do ângulo nos pontos 1 e 2. (fig. 4.6)

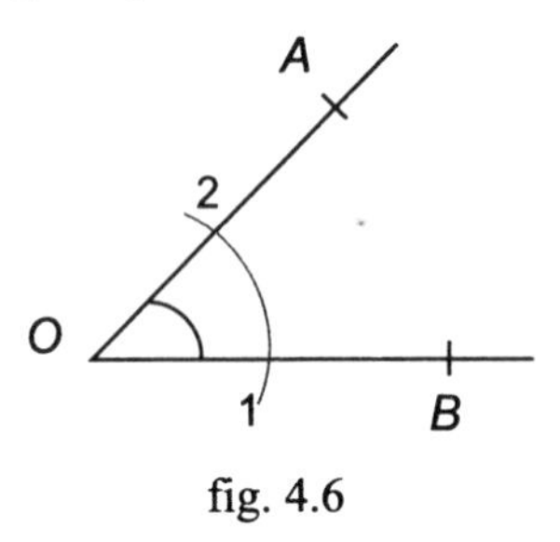


fig. 4.6

2) Com o centro do compasso no ponto 1 (ou no ponto 2) e com raio maior que a metade do arco 12, traçamos um segundo arco. (fig. 4.7)

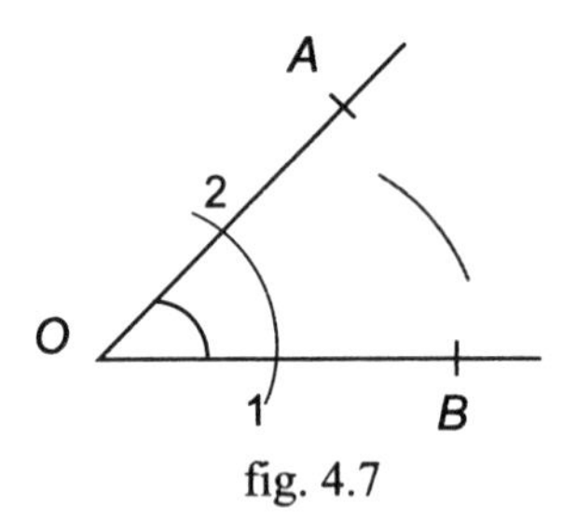


fig. 4.7

3) Repetindo o processo anterior, agora com o centro do compasso no ponto 2 (ou 1), traçamos um 3º arco que corta o 2º arco, obtendo assim o ponto C. Unindo O com C, temos a bissetriz $\overrightarrow{OC}$.

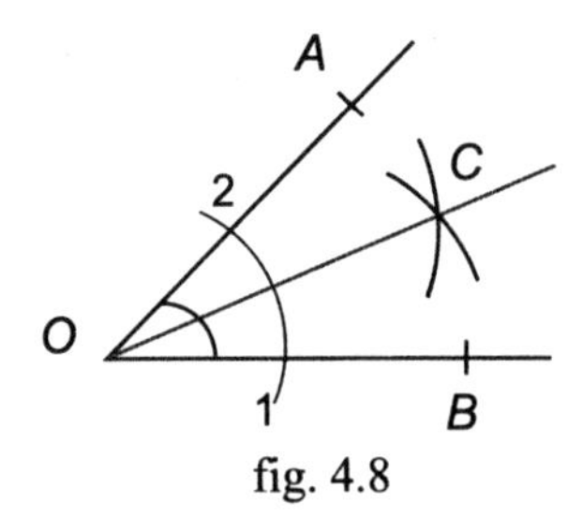


fig. 4.8

# 4.3. Transporte de Ângulos com o auxílio do compasso

A seguir veremos um processo no qual podemos transportar a medida de um ângulo sem precisar medi-lo, ou seja, sem usar o transferidor.

Problema: Construir um ângulo congruente ao ângulo AÔB (fig 4.9) , usando apenas régua e compasso.

## Procedimento:

— Com a ponta seca do compasso no ponto O, traçamos um arco de raio qualquer, determinando os pontos 1 e 2 no ângulo AÔB (fig. 4.9).

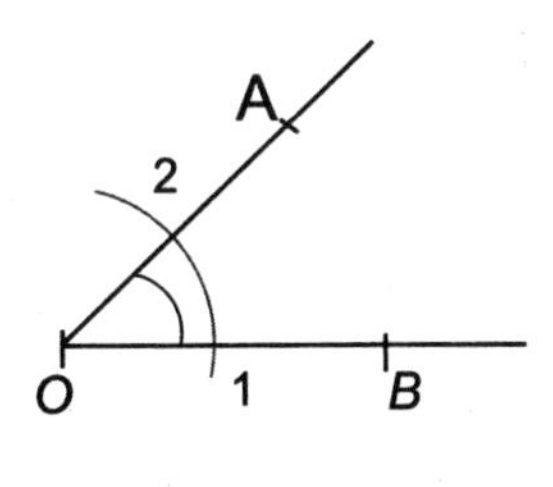


fig. 4.9

— Traçamos a semirreta $\overrightarrow{DC}$, que será um dos lados do novo ângulo (fig. 4.10).

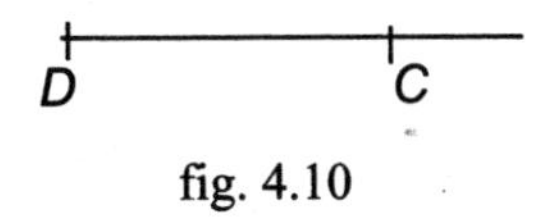


fig. 4.10

— Com a ponta seca do compasso em D e com raio igual ao raio traçado na fig 4.9, traçamos um arco sobre a semirreta $\overrightarrow{DC}$, determinando o ponto 3. (fig. 4.11)

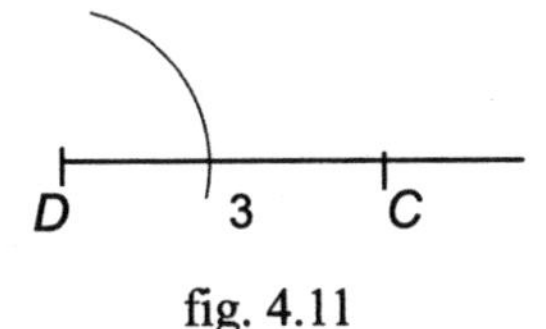


fig. 4.11

— Com o compasso, tomamos a abertura 12. (fig. 4.9) e sem mexer na abertura do compasso, com a ponta seca no ponto 3, traçamos um pequeno arco, determinando o ponto 4. (fig. 4.12)

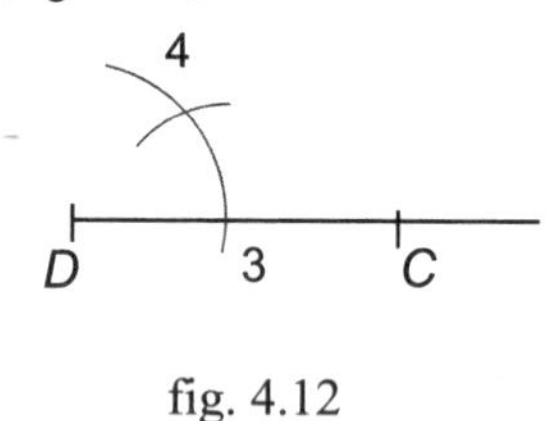


fig. 4.12

— Dessa forma transportamos a medida do ângulo $A\hat{O}B$ para a semirreta $\overrightarrow{DC}$.

Traçando a semirreta que passa pelos pontos "D" e "4", obtemos o ângulo $E\hat{D}C$ (fig. 4.13), que tem exatamente a mesma medida do ângulo AÔB, ou seja:

$A\hat{O}B \cong E\hat{D}C$ (lê-se: o ângulo AÔB é congruente ao ângulo $E\hat{D}C$.

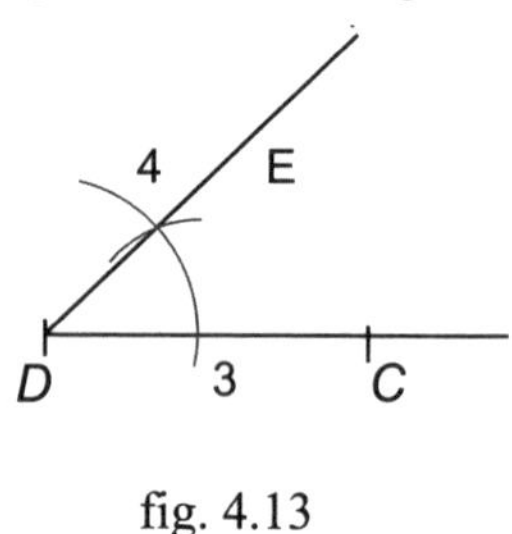


fig. 4.13

## Sugestão de exercício

Construir um outro ângulo congruente ao ângulo dado na figura 4.14, sem o uso do transferidor.

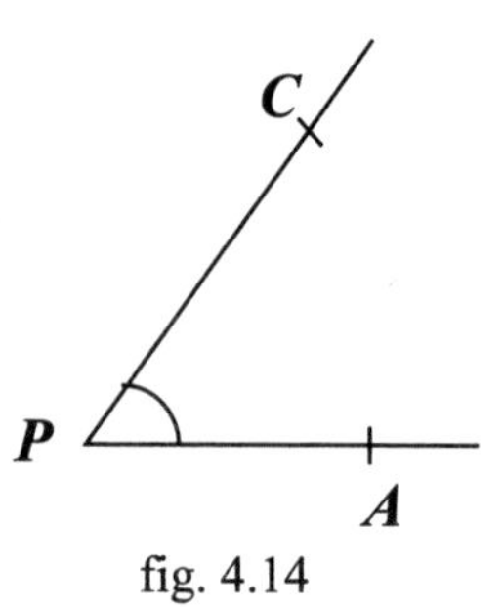


fig. 4.14

# 4.4. Construção de alguns ângulos sem o uso do transferidor

Alguns ângulos podem ser construídos usando-se apenas régua e compasso, vejamos a seguir alguns exemplos.

## 4.4.1. Construção do ângulo de 60º

Traçamos a semirreta $\overrightarrow{OA}$. Com abertura qualquer do compasso traçamos um arco que corta a semirreta no ponto 1 (fig. 4.15).

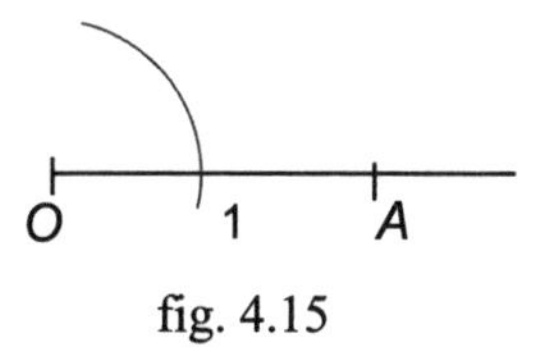


fig. 4.15

Com o centro do compasso no ponto 1 e raio $\overset{\frown}{O1}$, traçamos um 2º arco, que corta o primeiro no ponto B. (fig. 4.16)

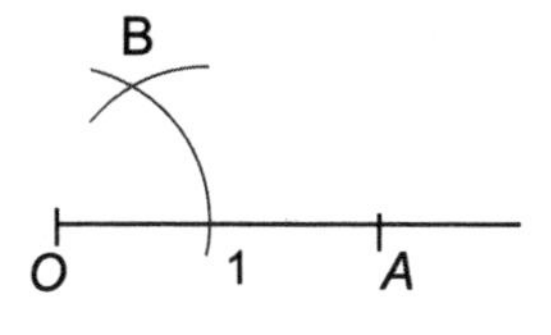


fig. 4.16

Traçando a semirreta que passa pelos pontos O e B, obtemos o segundo lado do ângulo BÔA, que possui exatamente 60º.

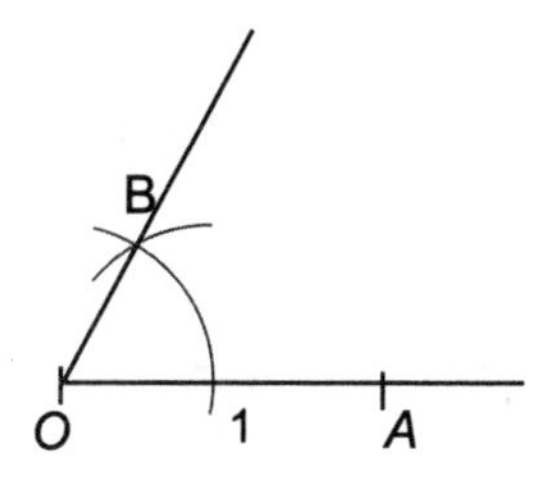


fig. 4.17

Observação 1: (justificativa dos procedimentos para construção do ângulo de 60º). Com o auxílio do compasso podemos verificar que os segmentos $\overline{O1}$, $\overline{OB}$ e $\overline{1B}$ são exatamente iguais, logo o triângulo BO1 é equilátero. Por ser equilátero, o triângulo BO1 possui os três lados e três ângulos congruentes (de mesma medida). Como a soma dos ângulos internos de um triângulo é 180º, cada ângulo do triângulo BO1 mede 60º (fig. 4.18).

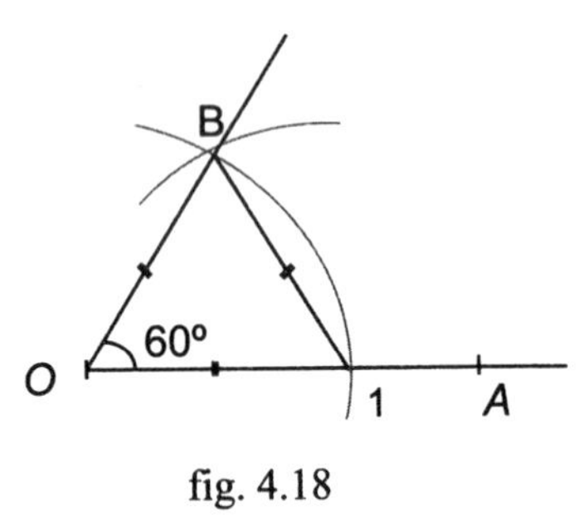


fig. 4.18

Observação 2: Traçando a bissetriz do ângulo de 60º conforme exemplificado no item 4.2.2 obteremos um ângulo de 30º (fig. 4.19. Traçando a bissetriz de 30º obtemos um ângulo de 15º (fig. 4.20). Seguindo esse raciocínio podemos concluir que, com o auxílio do traçado da bissetriz e a partir do ângulo de 60º, obtemos outros ângulos sem o uso do transferidor.

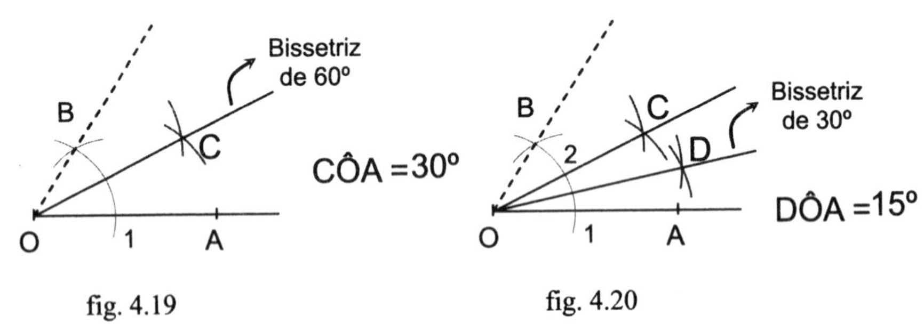


fig. 4.19

fig. 4.20

## 4.4.2. Construção do Ângulo de 90º

Traçamos uma reta e marcamos os pontos O. (fig. 4.21)

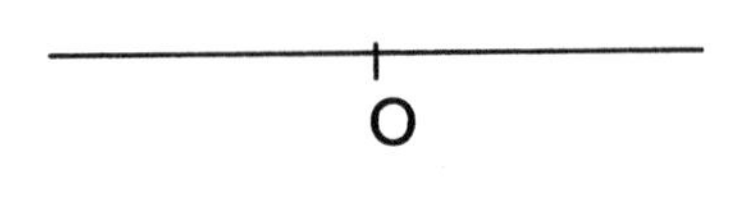


fig 4.21

Com o centro do compasso no ponto O e raio qualquer traçamos o arco $\overset{\frown}{BA}$. Assim construímos o ângulo BÔA de 180º.(fig. 4.22)

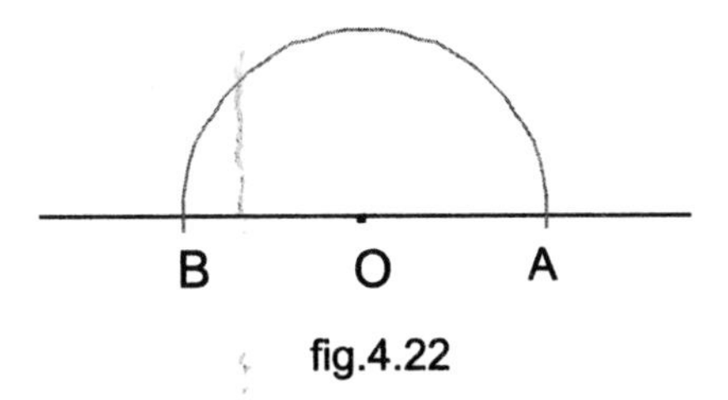


fig.4.22

Agora devemos traçar a bissetriz do ângulo BÔA, que mede 180º, para obter o ângulo de 90º.

Com centro do compasso no ponto B e raio maior que $\overline{BO}$, traçamos um arco acima (ou abaixo) da semi-reta $\overrightarrow{OA}$.(fig. 4.23)

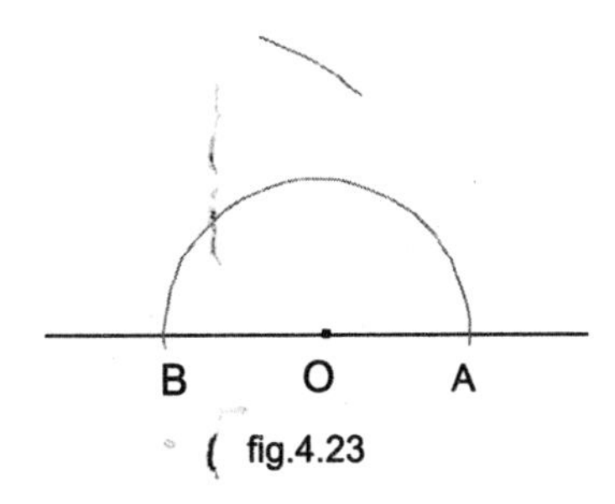


fig.4.23

Repetindo o processo anterior com o centro do compasso agora no ponto A, traçamos um novo arco que corta o anterior no ponto C. (fig. 4.24)

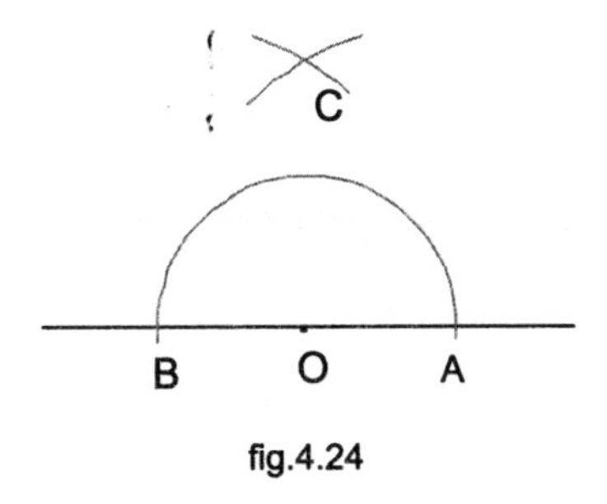


fig.4.24

Traçando a semi-reta $\overrightarrow{OC}$, obtemos o outro lado do ângulo CÔA (ou CÔB) de 90°. (fig. 4.25)

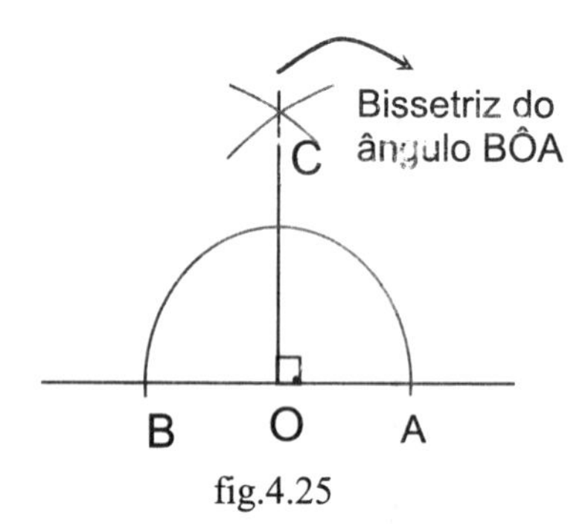


fig.4.25

Observação 3: Traçando a bissetriz do ângulo 90°, conforme explicado no item 4.2.2 obtemos o ângulo de 45° (fig. 4.26). Assim podemos concluir novamente que com o auxílio da bissetriz e a partir do ângulo de 90° obtemos outros ângulos sem o uso do transferidor.

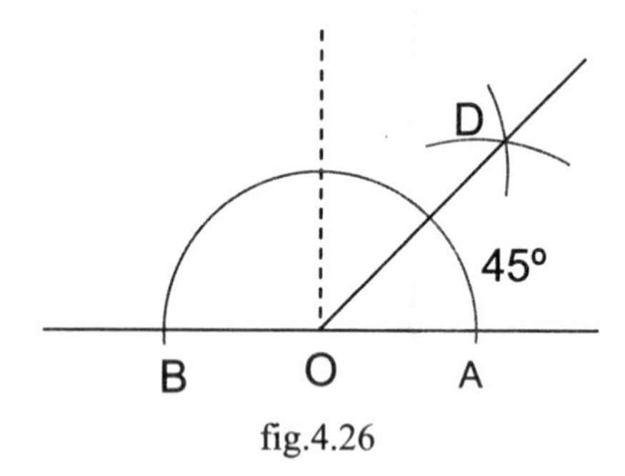


fig.4.26

## Sugestão de exercício

Construir sem o uso do transferidor, usando apenas régua e compasso, os seguintes ângulos:

a) 15°

b) 45°

c) 135°

# 4.5. Traçado de Retas Paralelas e Perpendiculares

## 4.5.1. Traçado de retas perpendiculares com auxílio do compasso

**Problema:**

Traçar uma reta perpendicular à reta s e que passe pelo ponto A.

As figuras 4.27 e 4.28 nos mostram que temos duas situações: $A \in s$ e $A \notin s$.

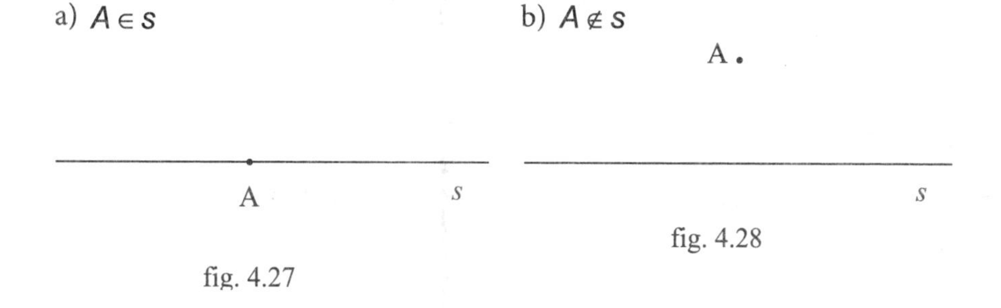


fig. 4.27

fig. 4.28

<u>Para as duas situações executaremos os procedimentos descritos a seguir:</u>

1) Ponta seca (ou centro) do compasso no ponto A e raio suficiente para traçarmos um arco que corta a reta s nos pontos 1 e 2.
2) Centro do compasso em 1 e raio maior que a metade do arco $\widehat{12}$, traçamos um arco acima da reta s, fig. 4.29 (ou abaixo fig.4.30).
3) Com o centro do compasso no ponto 2, fazemos o procedimento anterior determinando o ponto Q, no cruzamento dos arcos traçados.
4) Unindo o ponto A e o ponto Q temos a reta r perpendicular à reta s. (fig. 4.29 e fig. 4.30)

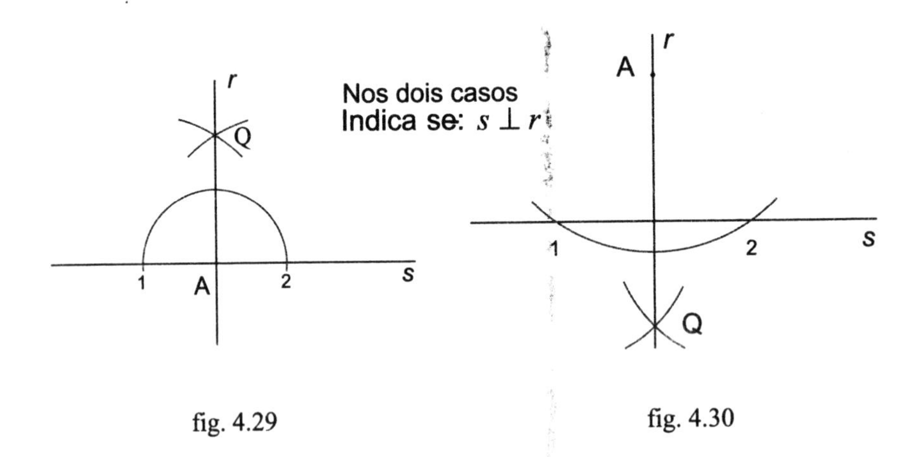


fig. 4.29 fig. 4.30

## 4.5.2. Traçado de retas paralelas com o auxílio do compasso

### Problema:

Traçar uma reta paralela à reta s e que passe pelo ponto A.

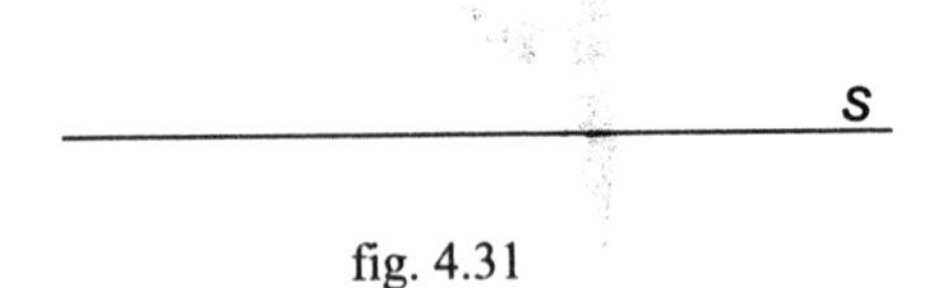


fig. 4.31

### Procedimento:

— Centro do compasso em A, traçamos um arco que corta a reta s no ponto 1. (fig. 4.32)

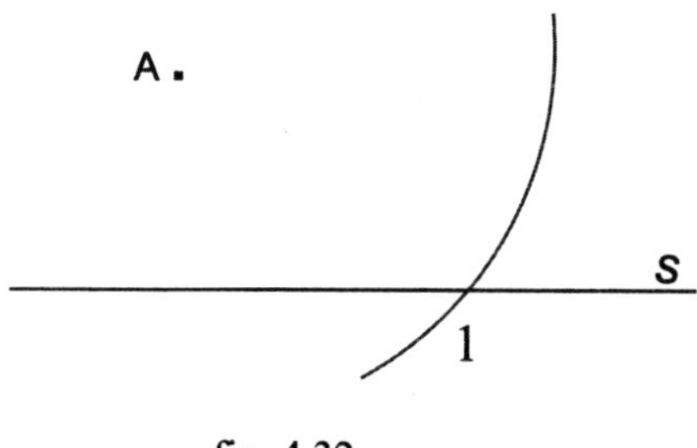


fig. 4.32

— Centro do compasso agora em 1 e com raio $\overline{A1}$, traçamos um arco que passa pelo ponto A e que corta a reta s no ponto 2. (fig. 4.33)

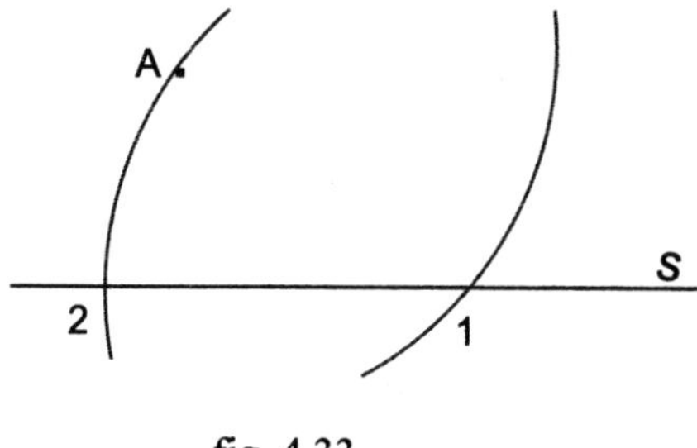


fig. 4.33

— Centro do compasso em 1 e raio $\overline{A2}$ determinamos sobre o 1° arco traçado, o ponto Q.

— Unindo os pontos A e Q, temos a reta r paralela à reta s e que passa pelo ponto A. (fig. 4.35)

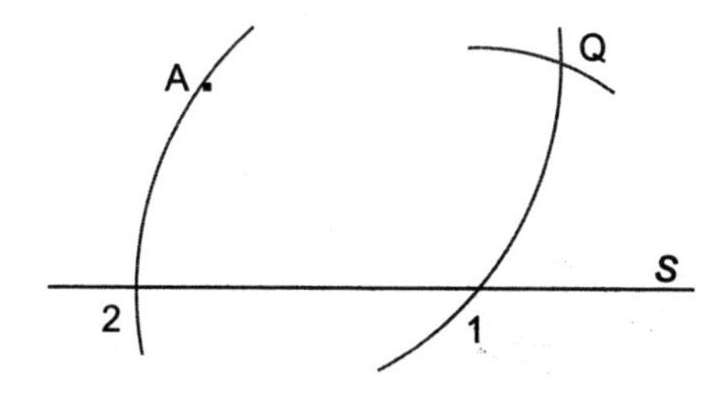


fig. 4.34

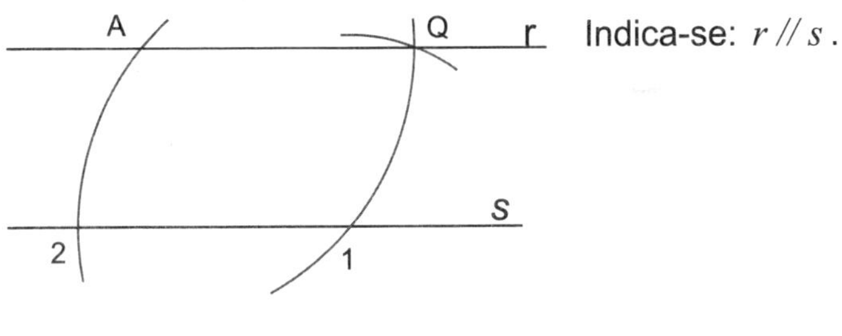


fig. 4.35

## 4.5.3. Traçado de retas paralelas com o auxílio do par de esquadros

Para traçar retas paralelas com o par de esquadros temos que ter em mente que um dos esquadros ficará fixo e o outro deslizará sobre um dos lados do esquadro fixo, mantendo a sua direção.

### Problema:

Traçar uma reta paralela à reta s e que passe pelo ponto A.

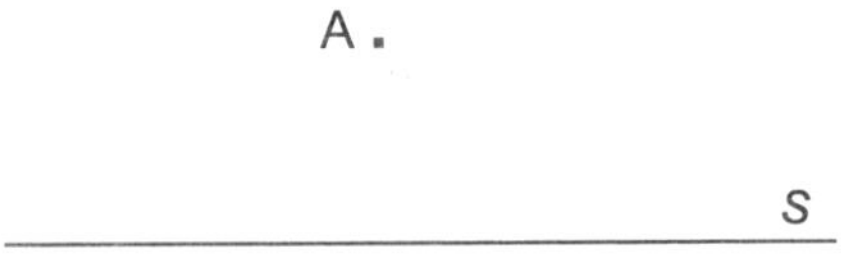

A .

s

fig. 4.36

### Procedimento:

— Colocamos o maior lado do esquadro isósceles sobre a reta s como mostra a fig. 4.37.

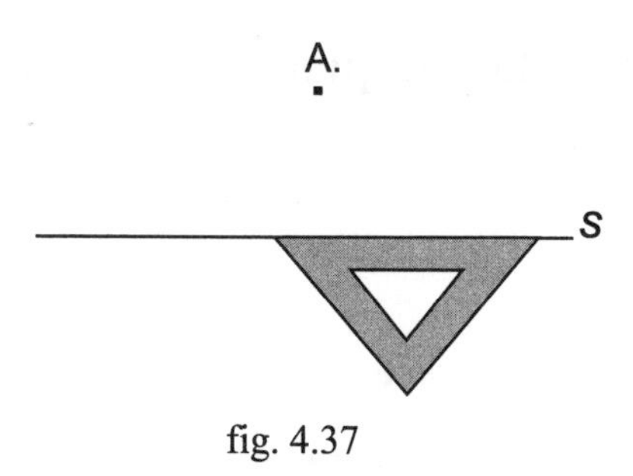


fig. 4.37

— A seguir devemos deslizar o esquadro isósceles até o ponto A. Para que o esquadro isósceles (móvel) mantenha a sua direção devemos apoiá-lo no maior lado do esquadro escaleno (fixo) como mostra a figura 4.38.

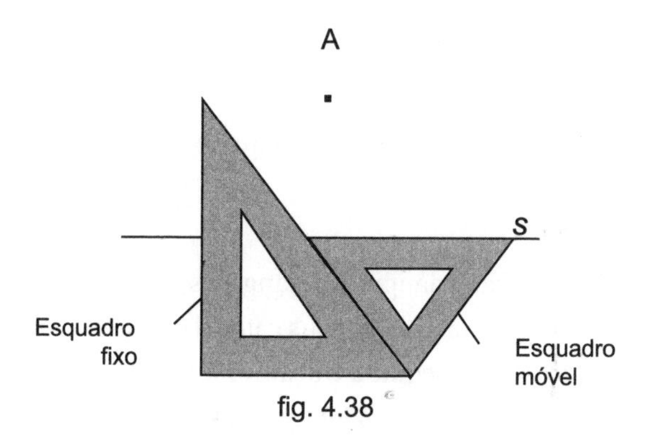


fig. 4.38

Segurando firme o esquadro escaleno (fixo), deslizamos o esquadro isósceles (móvel) até o ponto A (fig. 4.39) e traçamos a reta r paralela à reta s. (fig. 4.40)

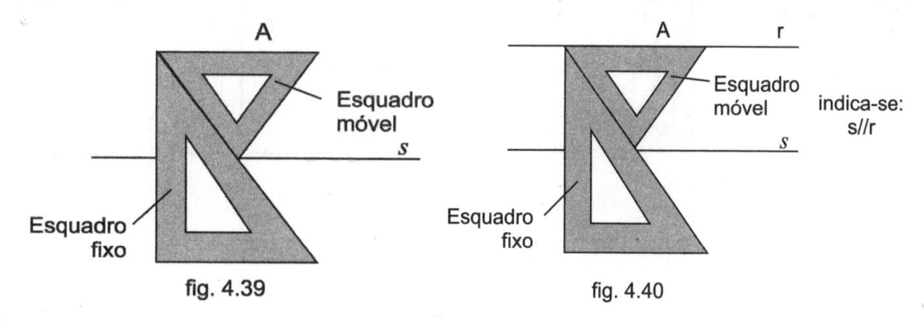


fig. 4.39

fig. 4.40

## 4.5.4 Traçado de retas perpendiculares com o uso do par de esquadros

### Problema:

Traçar uma reta perpendicular à reta s e que passe pelo ponto A.

Como vimos anteriormente, temos duas situações: $A \in s$ e $A \notin s$.

a) $A \in s$

s

A

fig. 4.41

b) $A \notin s$

A.

s

fig. 4.42

Novamente nas duas situações executaremos os procedimentos descritos a seguir:

— Como os esquadros são triângulos retângulos vamos usar apenas um deles, posicionando-o de tal forma que seus catetos estejam apoiados sobre a reta s e sobre o ponto A. Em seguida traçamos a reta r perpendicular à reta s e que passe pelo ponto A. (fig. 4.43 e fig. 4.44)

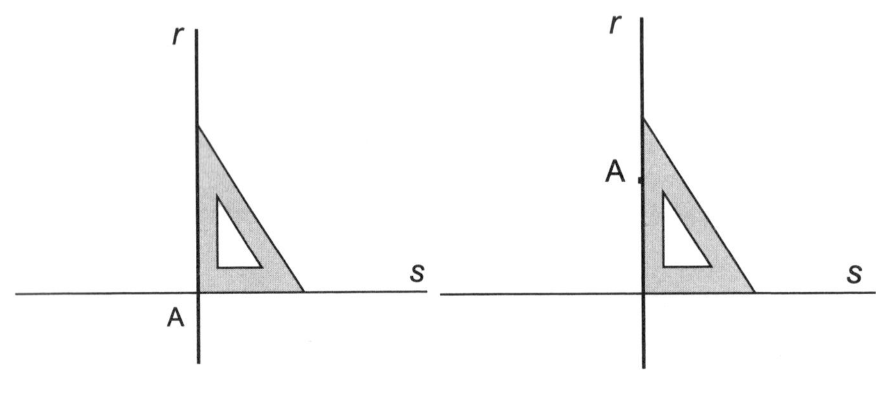


fig. 4.43

fig. 4.44

A seguir apresentaremos mais alguns exercícios que podem ser explorados envolvendo os conteúdos abordados nos capítulos vistos até aqui.

## Sugestões de Exercícios

1) Construir com o auxílio do transferidor um ângulo de 100º e traçar a sua bissetriz.
2) Construir um ângulo congruente ao ângulo dado AÔB, usando apenas régua e compasso.

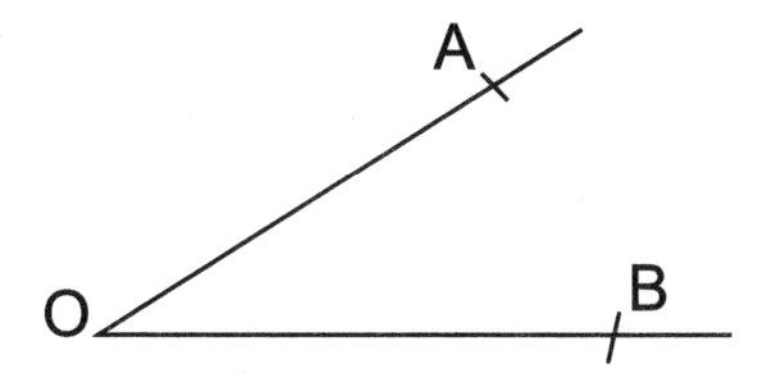


3) Construir sem o uso do transferidor os seguintes ângulos:

a) 120º b) 75º

4) Faça um desenho que exemplifique a diferença entre 1 grau e 1 radiano.
5) Traçar a reta r perpendicular a reta s e que passe pelo ponto A. (Usando o compasso)

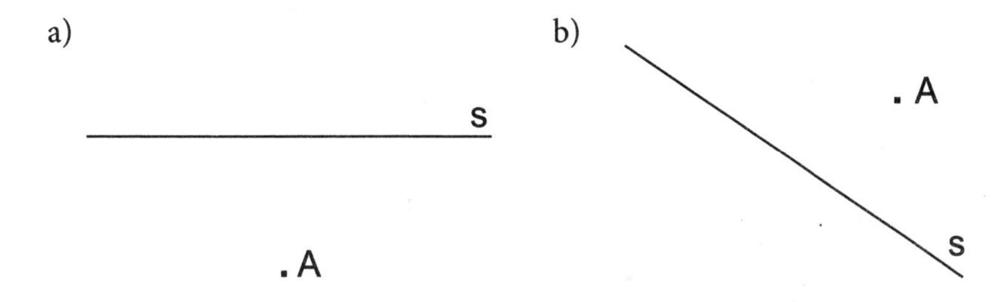

6) Traçar a reta t paralela a reta s e que passe pelo ponto P. (Usando o compasso)

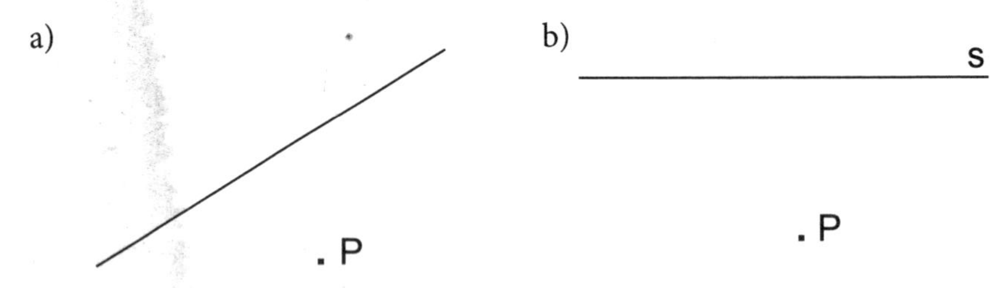


7) Com o auxílio do par de esquadros traçar retas paralelas a reta r e que passem pelos pontos A, B, C, D e E.

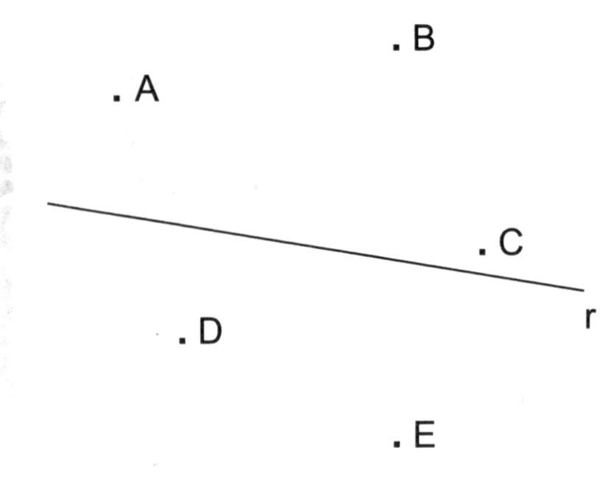


8) Construa com o auxílio dos instrumentos geométricos os triângulos ABC e MNP . Verificar se os triângulos são semelhantes e justificar matematicamente a resposta.

a) $\Delta ABC \begin{cases} \overline{AB} = 7cm \\ \hat{A} = 60^\circ \text{ e } \hat{B} = 30^\circ \end{cases}$ e $\Delta MNP \begin{cases} \overline{MN} = 5cm \\ \hat{M} = 90^\circ \text{ e } \hat{N} = 30^\circ \end{cases}$

b) $\Delta ABC \begin{cases} \overline{AB} = 6cm \\ \overline{AC} = 8cm \\ \overline{BC} = 6cm \end{cases}$ $e$ $\Delta MNP \begin{cases} \overline{MN} = \overline{MP} = 4cm \\ \overline{PN} = 6cm \end{cases}$

# Capítulo 5

## Representação Analítica de um Ponto

Um dos principais objetivos da Geometria Analítica é obter representações analíticas de figuras geométricas. Na maioria dos casos a representação analítica de uma figura geométrica é a sua equação. Como todas as figuras geométricas são compostas por pontos, iniciaremos nosso estudo conhecendo algumas de suas representações analíticas.

## 5.1. O Sistema Linear de coordenadas

A primeira representação analítica de um ponto A foi obtida estudando-o sobre uma reta orientada, chamada de eixo (fig. 5.1).

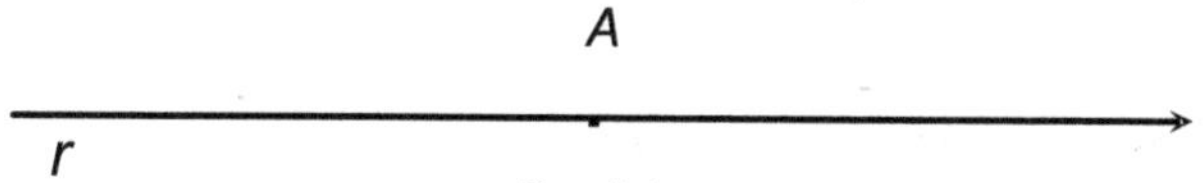

A

r

fig. 5.1

Para obter a posição do ponto A (fig. 5.1) sobre a reta r é necessário adotar um referencial. Assim toma-se sobre uma reta r um ponto fixo O, chamado de origem e uma adequada unidade de medida u. (fig. 5.2)

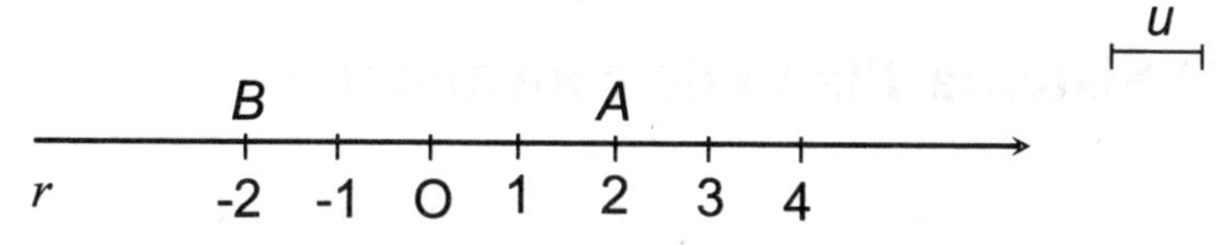


fig. 5.2

Convenciona-se que à esquerda de O, teremos orientação negativa e à direita de O, teremos orientação positiva.

## Exemplos:

a) O ponto A está associado ao numeral 2. Dizemos que 2 é a coordenada de A, e representa-se por A(2).

b) O ponto B está associado ao numeral -2. Dizemos que -2 é a coordenada de B, e representa-se por B(–2).

O sistema de localização assim definido, por ser composto por uma única reta orientada (ou por um único eixo) é chamado de sistema linear de coordenadas ou sistema unidimensional.

Pelos exemplos, observamos que para localizar um ponto P nesse sistema, basta conhecer a sua coordenada x. Indica-se P(x), onde x é a distância de P até a origem O.

O ponto P estará à direita de O, se sua coordenada x for positiva ou à esquerda se a coordenada x for negativa. Temos ainda que P(x) é a representação analítica do ponto P no sistema linear de coordenadas.

Exemplo: Localizar os pontos $P_1(2)$, $P_2(-3)$ e $P_3(-1)$ no sistema linear de coordenadas. Na figura 5.3 tomamos "u " como unidade de medida.

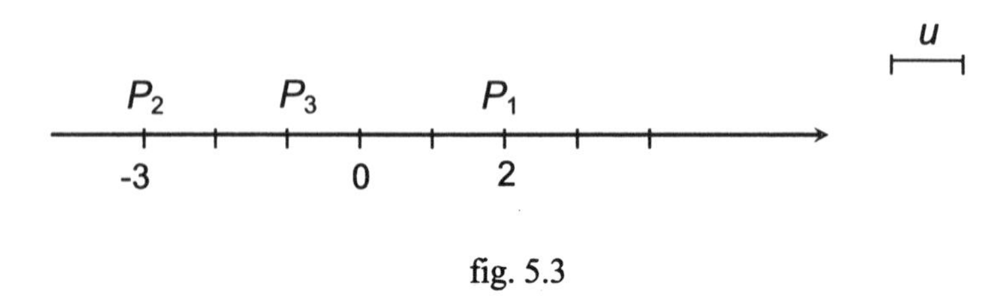


fig. 5.3

# 5.2. O Sistema Plano de coordenadas

Como vimos, o sistema linear de coordenadas é um sistema limitado, uma vez que o ponto só poderá se mover sobre uma reta. Dessa forma, não é possível referenciar a esse sistema outras figuras além da reta e de suas partes.

Para ampliar nosso estudo analítico será necessário um sistema de coordenadas que permita que um ponto possa se mover livremente para todas as posições do plano.

O sistema cartesiano de coordenadas retangulares e o sistema de coordenadas polares são exemplos de sistemas que permitem a livre movimentação de um ponto no plano. Esses sistemas são chamados de sistemas planos de coordenadas.

## 5.2.1. O Sistema de Coordenadas Polares

O sistema de coordenadas polares, como mostra a figura 5.4, é formado por uma semirreta $\overrightarrow{OA}$, chamada de eixo polar. O ponto O é chamado de pólo ou origem.

Um ponto P fica bem determinado nesse sistema pelo par ordenado $(r, \theta)$ que são as suas coordenadas. A notação P(r, θ) é a representação analítica do ponto P no sistema de coordenadas polares.

Na figura 5.4, temos que:

— $|r|$ é a distância entre a origem O e o ponto P.

— $\theta$ representa a medida em radianos, do ângulo $A\hat{O}P$.

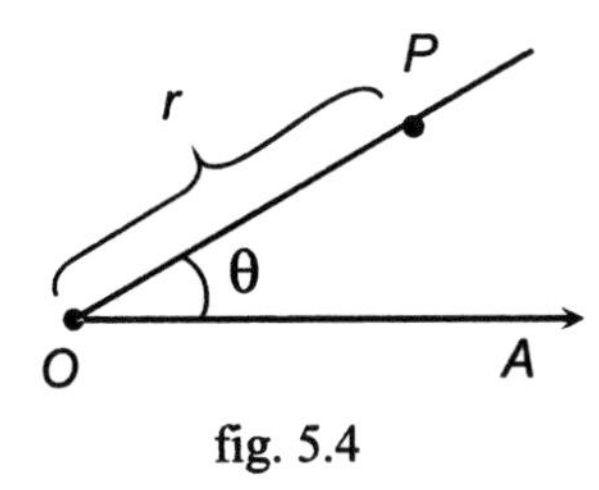


fig. 5.4

Adotam-se as seguintes convenções:

— Para $\theta > 0$ o sentido é anti-horário, para $\theta < 0$ o sentido é horário.

— Se $r > 0$, o ponto P estará localizado no prolongamento do lado terminal do ângulo $\theta$.(Exemplos: pontos $P_1$ e $P_3$ da figura 5.5)

— Se $r < 0$, o ponto P estará localizado no prolongamento oposto do lado terminal do ângulo $\theta$ (Exemplo: ponto $P_2$ da figura 5.5).

Para exemplificar trazemos na figura 5.5 a localização dos pontos $P_1\left(2,\frac{\pi}{4}\right)$, $P_2\left(-2,\frac{\pi}{4}\right)$ e $P_3\left(2,\frac{\pi}{4}\right)$ no sistema de coordenadas polares:

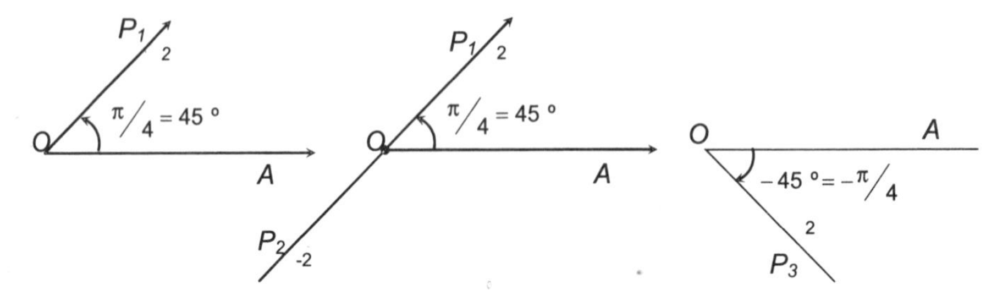


fig. 5.5

## 5.2.2. Sistema Plano de Coordenadas Retangulares ou Cartesianas

O sistema plano de coordenadas retangulares ou sistema cartesiano é constituído por duas retas orientadas x e y, perpendiculares entre si (fig 5.6).

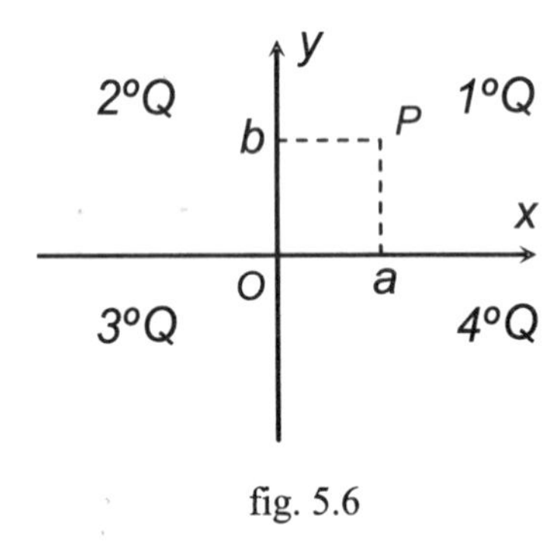


fig. 5.6

Na figura 5.6 temos:

— A reta x é chamada de eixo das abcissas e a reta y de eixo das ordenadas.

— O ponto O de intersecção dos eixos x e y é chamado de origem do sistema.

— Os dois eixos, x e y , dividem o plano em 4 regiões denominadas quadrantes. A identificação dos quadrantes é feita no sentido anti-horário.

— Um ponto P fica bem determinado neste sistema pelo par ordenado de números reais (a, b), que são as suas coordenadas.

— A notação P(a, b) é a representação analítica de um ponto no sistema plano de coordenadas cartesianas ou sistema plano de coordenadas retangulares .

O sistema plano de coordenadas retangulares que conhecemos hoje nasceu com o matemático francês René Descartes, quando esse introduz a noção de coordenadas, com dois eixos que se cruzam num ponto, chamado de origem. Da evolução dessa noção surgiu o Plano Cartesiano. É interessante saber que "cartesiano" vem de "cartesius" tradução latina de Descartes.

Para exemplificar trazemos na figura 5.7 a localização dos pontos:

$A(2,3)$, $B(-2,1)$, $C(1,-3)$, $D(-4,-5)$, $E(0,3)$,

$F(0,-3)$, $G(7,0)$, $H(-2,0)$ e $O(0,0)$

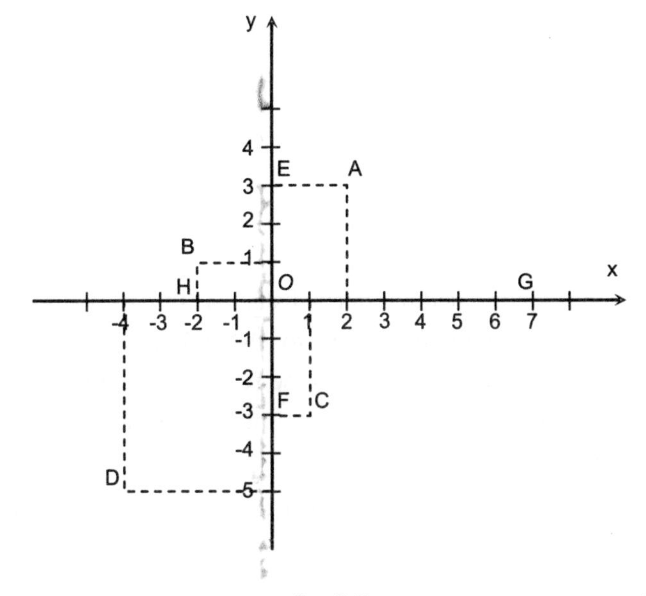


fig. 5.7

Começamos com o estudo da representação analítica de um ponto sobre uma reta $R^1$ (sistema linear de coordenadas), passamos para o estudo de sua representação em um plano $R^2$ (sistema plano de coordenadas) e ainda poderemos fazê-lo no espaço $R^3$. O estudo de um ponto no espaço $R^3$ será feito no capítulo 9.

Para continuarmos nossas investigações analíticas associadas às propriedades geométricas das figuras planas, o sistema utilizado será o sistema plano de coordenadas retangulares ou o sistema cartesiano.

# 5.3. Distância entre Dois Pontos

Veremos a seguir o cálculo da distância entre dois pontos efetuada no sistema linear de coordenadas e no sistema plano de coordenadas retangulares.

## 5.3.1. Distância entre Dois Pontos no Sistema Linear de Coordenadas ($R^1$)

Seja o ponto A de coordenada 1 e o ponto B de coordenada 4, ou seja, os pontos A(1) e B(4).

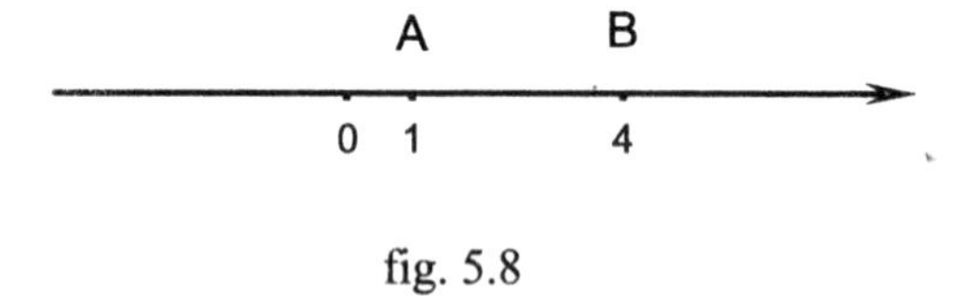


fig. 5.8

A figura 5.8 nos ajuda a deduzir que a distância entre os pontos A(1) e B(4) ou a medida do comprimento do segmento $\overline{AB}$ é 3 unidades. Para obtermos uma fórmula que nos permita chegar a esse resultado, temos que pensar nos cálculos que poderíamos executar para determinar a distância entre os pontos A e B, conhecendo as suas coordenadas.

Simbolicamente podemos escrever: $d(A, B) = 4 - 1 = 3$ ou $d(A, B) = |1 - 4| = 3$.

Obs.: d (A, B) lê-se: distância entre os pontos A e B.

Na figura 5.9 temos uma representação geral da localização de dois pontos no sistema linear de coordenadas.

A B

a b

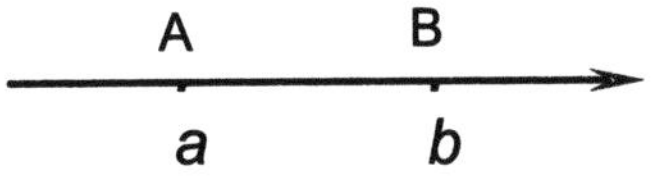

fig. 5.9

Desta forma, do exposto, podemos deduzir que a distância entre os pontos A(a) e B(b) (fig. 5.9), no sistema linear de coordenadas será dada pela fórmula:

$$d(A,B) = |a - b| = |b - a|$$

Obs.: Essa generalização nos mostra que podemos calcular a distância entre os pontos A(a) e B(b) fazendo "a – b" ou "b – a" desde que adotemos o resultado em valor absoluto.

## Sugestão de exercício

1) Determinar a distância entre os pontos A(-9) e B(2). Fazer solução gráfica e analítica.(resp.: d= 11 unidades)

## 5.3.2. Distância entre Dois Pontos no Sistema Cartesiano ou Sistema Plano de Coordenadas Retangulares ($R^2$)

Dados dois pontos distintos $A(x_A, y_A)$ e $B(x_B, y_B)$, podemos deduzir a fórmula para calcular a distância entre eles da seguinte maneira:

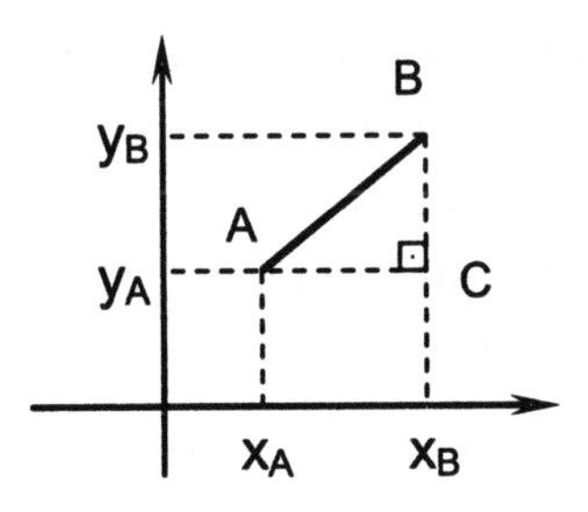


Fig. 5.10

Ao localizar os pontos A e B no sistema plano de Coordenadas Cartesianas (fig. 5.10), observamos a formação do triângulo retângulo ABC. Aplicando o teorema de Pitágoras temos:

$$(hipotenusa)^2 = (cateto)^2 + (cateto)^2$$

$$\left[d_{(A,B)}\right]^2 = \left[d_{(A,C)}\right]^2 + \left[d_{(B,C)}\right]^2$$

Da representação gráfica temos também que:

$$d_{(B,C)} = |y_B - y_A| \text{ e } d_{(A,C)} = |x_B - x_A|$$

Logo:

$$\left[d_{(A,B)}\right]^2 = \left[d_{(A,C)}\right]^2 + \left[d_{(B,C)}\right]^2 =$$

$$\left[d_{(A,B)}\right]^2 = |x_B - x_A|^2 + |y_B - y_A|^2 =$$

$$\left[d_{(A,B)}\right]^2 = (x_B - x_A)^2 + (y_B - y_A)^2 =$$

$$d_{(A,B)} = \sqrt{(x_B - x_A)^2 + (y_B - y_A)^2}$$

Dos cálculos efetuados podemos deduzir que a distância entre os pontos $A(x_A, y_A)$ e $B(x_B, y_B)$, no sistema plano de coordenadas retangulares, é dada por:

$$d_{(A,B)} = \sqrt{(x_B - x_A)^2 + (y_B - y_A)^2}$$

## Sugestão de exercício:

2) Determinar a distância entre os pontos A(1, 3) e B(-1, -3). Fazer solução gráfica e analítica . (resp.: $d = 2\sqrt{10}$ unidades)

# 5.4. Ponto que divide um segmento em uma razão dada

A determinação das coordenadas de um ponto que divide um segmento em uma razão específica também é uma relevante investigação analítica. Para realizá-la vamos relembrar como se dá a divisão de um segmento em n partes congruentes com auxílio de instrumentos geométricos.

## 5.4.1. Divisão de um segmento em n partes congruentes

Problema:Dividir o segmento $\overline{AB}$ (fig. 5.11) em 3 partes congruentes, ou seja para n=3.

A B

fig. 5.11

Para resolvermos esse problema sem precisarmos medir o segmento $\overline{AB}$ (fig. 5.11) executaremos os procedimentos descritos a seguir.

— Transportamos a medida do segmento $\overline{AB}$ (fig. 5.11) para a reta s (fig. 5.12) com o auxílio do compasso.

— A partir do ponto A ou do ponto B traçamos uma semirreta, que forma com a reta s um ângulo qualquer (fig. 5.12).

— Sobre a semirreta, a partir de sua origem (A ou B), nesse caso o ponto A, e com a mesma abertura do compasso traçamos três arcos determinando os pontos 1, 2 e 3 (fig. 5.13).

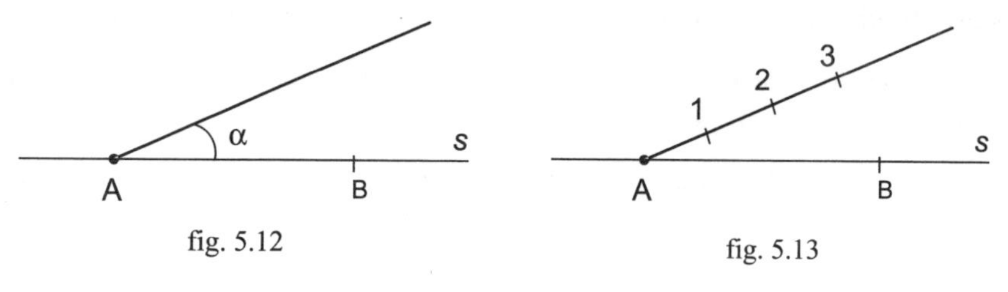


fig. 5.12

fig. 5.13

— Na fig 5.14 unimos o ponto 3 à outra extremidade do segmento $\overline{AB}$ (A ou B, nesse exemplo, B).

— Com o auxílio do par de esquadros traçamos segmentos paralelos ao segmento $\overline{3B}$, que passem pelos pontos 1 e 2 e interceptem o segmento $\overline{AB}$ nos pontos C e D. (fig. 5.14)

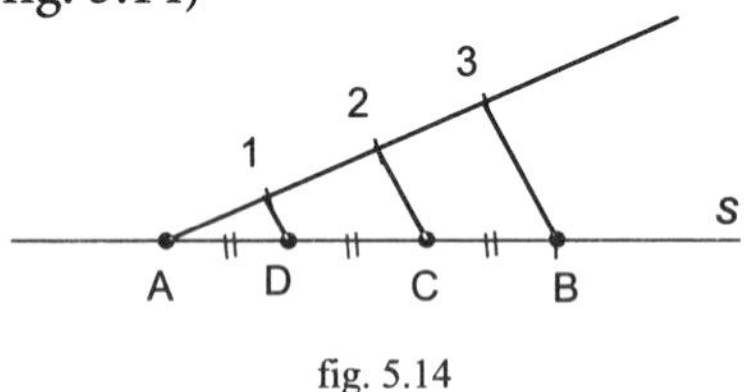


fig. 5.14

Os pontos C e D dividem o segmento $\overline{AB}$ em três partes congruentes (de mesma medida): $\overline{AD}$, $\overline{DC}$ e $\overline{CB}$. Indica-se: $\overline{AD} \cong \overline{DC} \cong \overline{CB}$.

Podemos ainda colocar que o ponto D divide o segmento $\overline{AB}$ na razão $r = \frac{\overline{AD}}{\overline{DB}} = \frac{1}{2}$ (fig. 5.15) e que o ponto C divide o segmento $\overline{AB}$ na razão $r = \frac{\overline{AC}}{\overline{CB}} = \frac{2}{1}$ (fig. 5.16).

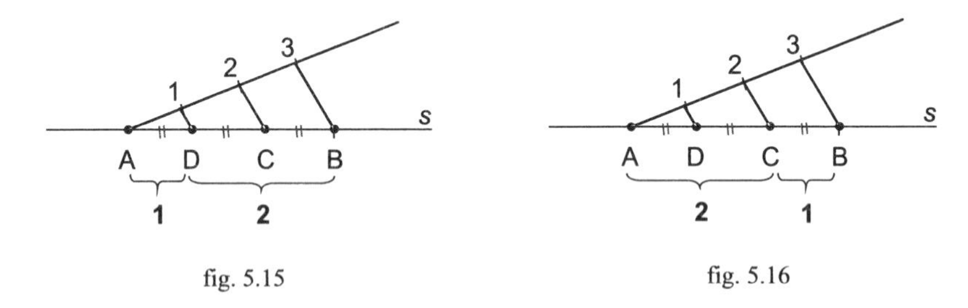


fig. 5.15

fig. 5.16

O processo apresentado para a divisão de segmentos em n partes congruentes está fundamentado no Teorema de Talles, a seguir vamos relembrá-lo.

Teorema de Talles: um feixe de retas paralelas determina, em duas transversais, segmentos proporcionais.

Para ilustrar o teorema, na figura 5.17, trazemos um feixe de retas paralelas "s", "t" e "u" interceptadas pelas transversais "r" e "v" de modo que : $\frac{\overline{AB}}{\overline{BC}} = \frac{\overline{MN}}{\overline{NO}}$ ou $\frac{a}{b} = \frac{c}{d}$.

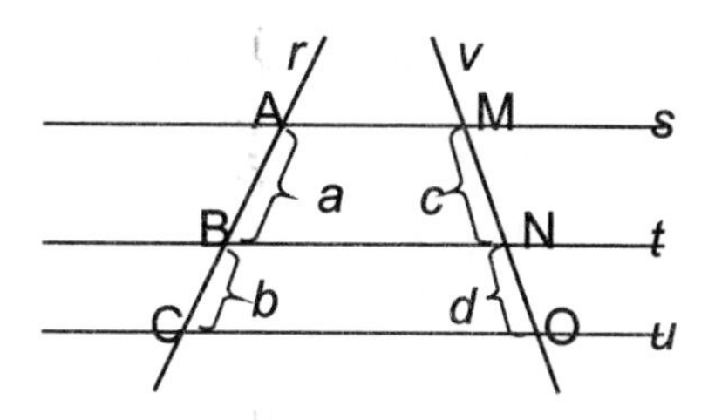


fig. 5.17

Voltando a figura 5.14, notamos que os segmentos $\overline{1D}$, $\overline{2C}$, $\overline{3B}$ formam o feixe de retas paralelas que determinam sobre a semirreta $\overrightarrow{A3}$ e sobre a reta "s" segmentos proporcionais. Como os segmentos A1, 12, 23 são congruentes, a proporcionalidade verificada pelo Teorema de Talles garante que os segmentos $\overline{AD}$, $\overline{DC}$, $\overline{CB}$ também são congruentes.

## Sugestão de exercício:

3) Seja o segmento $\overline{AB}$ (fig. 5.18):

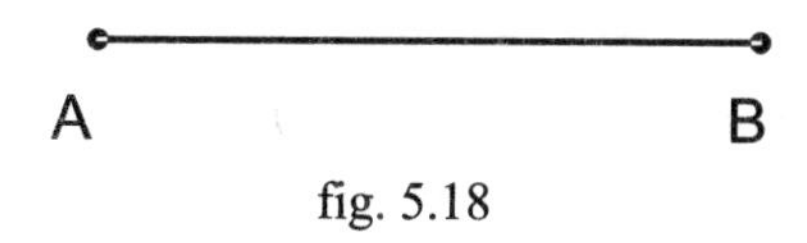


fig. 5.18

Obs: é importante não medir o segmento $\overline{AB}$.

Determinar:

A divisão do segmento $\overline{AB}$ em 5 partes congruentes. (Solução gráfica, usando o compasso e o par de esquadros)

A partir da divisão obtida no item a, demarcar os pontos: D, E e F sabendo que $\frac{\overline{AD}}{\overline{DB}} = \frac{1}{4}$, $\frac{\overline{AE}}{\overline{EB}} = \frac{4}{1}$ e $\frac{\overline{AF}}{\overline{FB}} = \frac{2}{3}$.

## 5.4.2. Coordenadas de um ponto que divide um segmento em uma razão dada

Analisemos o seguinte problema:

Determinar as coordenadas do ponto P que divide o segmento $\overline{P_1P_2}$ na razão $r = \dfrac{\overline{P_1P}}{\overline{PP_2}} = \dfrac{1}{3}$. Sendo P1 (1, 1) e P2 (6, 7).

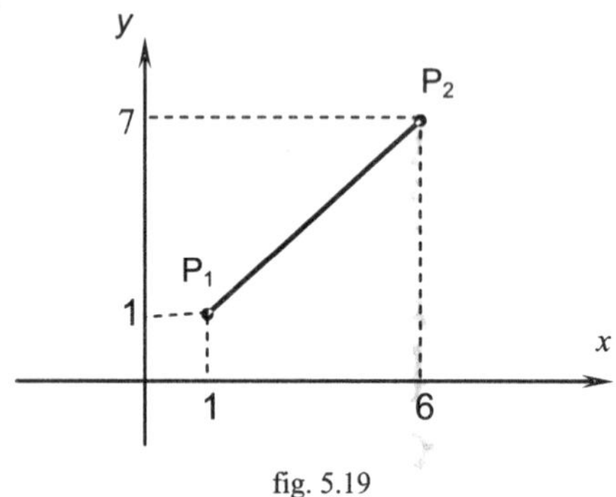


fig. 5.19

Após estudarmos o processo de divisão de um segmento em n partes congruentes, através do exemplo para n=3, estamos em condições de analisar o problema proposto com mais propriedade.

Para determinarmos o ponto P que divide o segmento $\overline{P_1P_2}$ na razão $r = \dfrac{\overline{P_1P}}{\overline{PP_2}} = \dfrac{1}{3}$, teremos que dividir o segmento $\overline{P_1P_2}$ em 4 partes congruentes, como mostra a fig. 5.20.

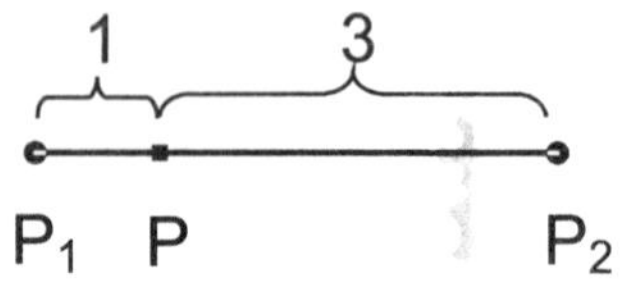

1 3

$P_1$ P $P_2$

fig. 5.20

Podemos fazer esta divisão no próprio gráfico da figura 5.19 ou em uma construção auxiliar.

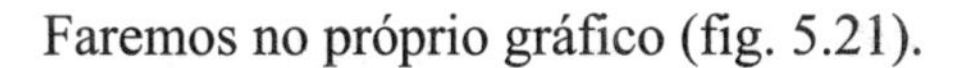

Faremos no próprio gráfico (fig. 5.21).

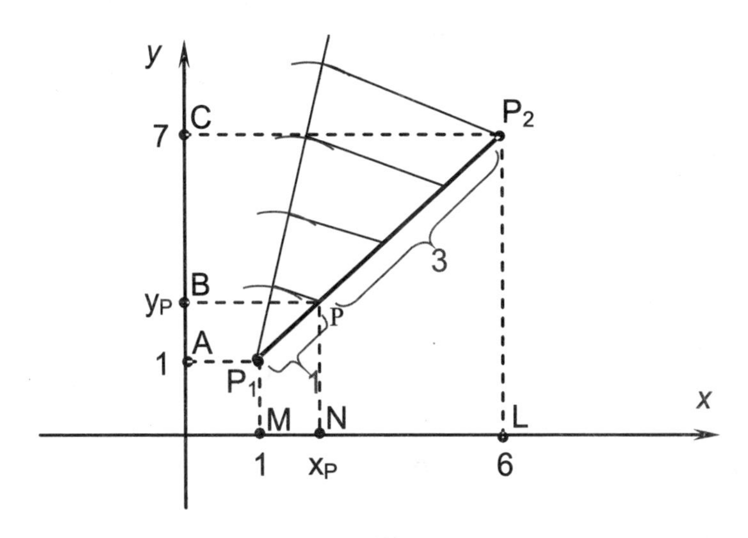


fig. 5.21

A divisão obtida na figura 5.21, seguiu procedimentos análogos aos descritos no exemplo da seção 5.4.1, só que para n = 4. Geometricamente o ponto P está determinado, precisamos obter agora suas coordenadas, ou seja, a sua representação analítica.

Observando a figura 5.21 notamos que os segmentos $\overline{AP_1}$, $\overline{BP}$ e $\overline{CP_2}$ formam um feixe de segmentos paralelos que, segundo o teorema de Talles, determinam sobre o eixo y os segmentos $\overline{AB}$ e $\overline{BC}$ proporcionais aos segmentos $\overline{P_1P}$ e $\overline{PP_2}$.

Desta observação podemos escrever:

$$\frac{\overline{P_1P}}{\overline{PP_2}} = \frac{\overline{AB}}{\overline{BC}} = \frac{y_P - 1}{7 - y_P} = \frac{1}{3} \qquad \Rightarrow 3y_P - 3 = 7 - y_P$$

$$4y_P = 10$$

$$y_P = \frac{10}{4}$$

Da mesma forma os segmentos $\overline{MP_1}$, $\overline{NP}$ e $\overline{LP_2}$ também formam um feixe de retas paralelas que, segundo o teorema de Talles, determinam sobre o eixo x, segmentos $\overline{MN}$ e $\overline{NL}$ proporcionais aos segmentos $\overline{P_1P}$ e $\overline{PP_2}$, logo:

$$\frac{\overline{P_1P}}{\overline{PP_2}} = \frac{\overline{MN}}{\overline{NL}} = \frac{x_P - 1}{6 - x_P} = \frac{1}{3} \qquad \Rightarrow 3x_P - 3 = 6 - x_P$$

$$4y_P = 9$$

$$y_P = \frac{9}{4}$$

Assim, $P\left(\frac{9}{4}, \frac{10}{4}\right)$ é o ponto que divide o segmento $\overline{P_1P_2}$ na razão $r = \frac{\overline{P_1P}}{\overline{PP_2}} = \frac{1}{3}$.

## Sugestão de exercício:

Determinar as coordenadas do ponto P que divide o segmento $\overline{P_1P_2}$ na razão $r = \frac{\overline{P_1P}}{\overline{PP_2}} = \frac{1}{2}$. Sendo $P_1(1, 1)$ e $P_2(5, 6)$. Fazer solução gráfica e analítica.

Resp.: P(7/3,8/3)

## Vamos agora fazer um estudo mais geral:

Sejam os pontos $P_1\ (x_1, y_1)$ e $P_2\ (x_2, y_2)$ (fig. 5.22), determinar as coordenadas do ponto P que divide o segmento $\overline{P_1P_2}$ na razão $r = \frac{\overline{P_1P}}{\overline{PP_2}}$.

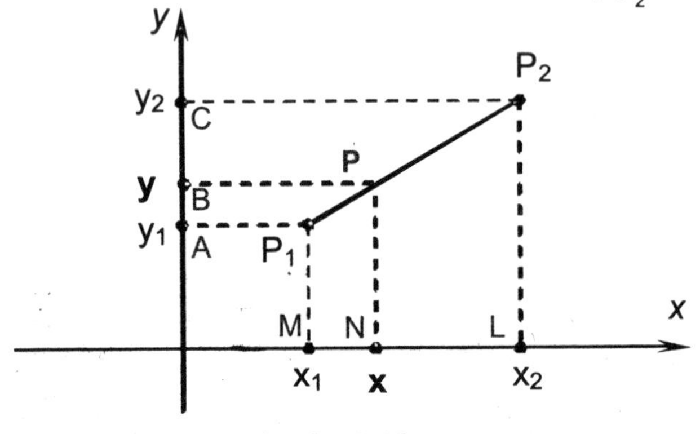


fig. 5.22

Colocamos arbitrariamente o ponto P(x, y) sobre o segmento $\overline{P_1P_2}$ e entre os pontos $P_1$ e $P_2$ (fig. 5.22).

Observando a figura 5.22 notamos que os segmentos $\overline{AP_1}$, $\overline{BP}$ e $\overline{CP_2}$ formam um feixe de segmentos paralelos que, segundo o Teorema de Tales, determinam sobre o eixo y, os segmentos $\overline{AB}$ e $\overline{BC}$ proporcionais aos segmentos $\overline{P_1P}$ e $\overline{PP_2}$.

De forma que podemos escrever:

$$\frac{\overline{P_1P}}{\overline{PP_2}} = \frac{\overline{AB}}{\overline{BC}} = \frac{y - y_1}{y_2 - y} = r \Rightarrow \begin{array}{c} y - y_1 = ry_2 - ry \\ y + ry = ry_2 + y_1 \\ (1+r)y = ry_2 + y_1 \end{array} \Rightarrow \boxed{y = \frac{y_1 + ry_2}{1+r}} \text{ com } r \neq -1$$

Da mesma forma, ainda na figura 5.22, os segmentos $\overline{MP_1}$, $\overline{NP}$ e $\overline{LP_2}$ também formam um feixe de retas paralelas que, segundo o Teorema de Tales, determinam sobre o eixo x, os segmentos $\overline{MN}$ e $\overline{NL}$ proporcionais aos segmentos $\overline{P_1P}$ e $\overline{PP_2}$, logo podemos escrever:

$$\frac{\overline{P_1P}}{\overline{PP_2}} = \frac{\overline{MN}}{\overline{NL}} = \frac{x - x_1}{x_2 - x} = r \Rightarrow \begin{array}{c} x - x_1 = rx_2 - rx \\ x + rx = rx_2 + x_1 \\ (1+r)x = rx_2 + x_1 \end{array} \Rightarrow \boxed{x = \frac{x_1 + rx_2}{1+r}} \text{ com } r \neq -1$$

Portanto, podemos concluir que as coordenadas do ponto P que divide o segmento $\overline{P_1P_2}$ na razão $r = \frac{\overline{P_1P}}{\overline{PP_2}}$ são representadas pelo par ordenado: $\left(\frac{x_1 + rx_2}{1+r}, \frac{y_1 + ry_2}{1+r}\right)$ com $r \neq -1$.

## Considerações:

❖ Se r = 0 teremos:

$$\left(\frac{x_1 + rx_2}{1+r}, \frac{y_1 + ry_2}{1+r}\right) = (x_1, y_1)$$

logo P coincidirá com $P_1$ (fig. 5.24).

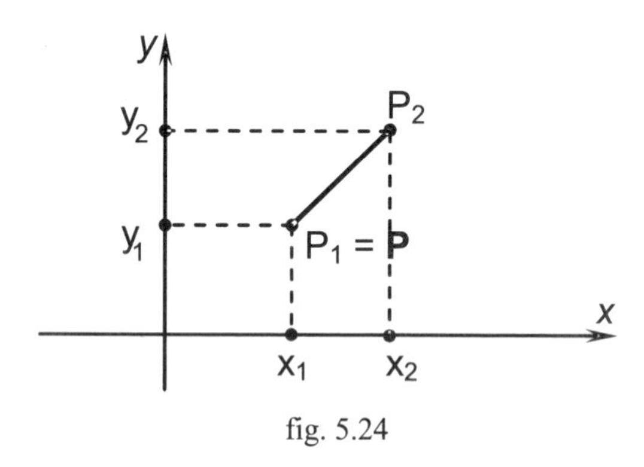


fig. 5.24

❖ Se r > 0: P pertence ao segmento $\overline{P_1P_2}$ e está entre $P_1$ e $P_2$ (fig.5.22).

❖ Se r < 0: P não pertence ao segmento $\overline{P_1P_2}$.

❖ Se r = 1 teremos:

$$\left(\frac{x_1 + rx_2}{1+r}, \frac{y_1 + ry_2}{1+r}\right) = \left(\frac{x_1 + 1x_2}{2}, \frac{y_1 + 1y_2}{2}\right) = \left(\frac{x_1 + x_2}{2}, \frac{y_1 + y_2}{2}\right),$$

P é ponto médio de $\overline{P_1P_2}$ (fig. 5.25).

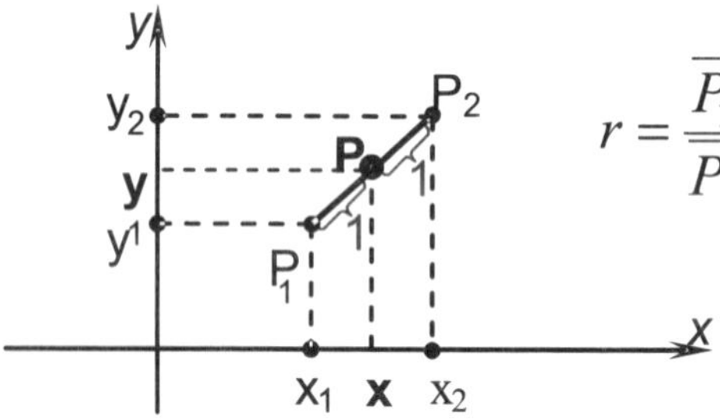

$$r = \frac{\overline{P_1P}}{\overline{PP_2}} = \frac{1}{1} \Rightarrow \overline{P_1P} = \overline{PP_2}$$

fig. 5.25

## Sugestões de exercícios:

1) Determinar as coordenadas do ponto P que divide o segmento $\overline{P_1P_2}$ na razão $r = 1$ sendo $P_1(0,0)$ e $P_2(7,4)$. Fazer solução geométrica e analítica. Resp.: P(7/2,2).

2) Determinar as coordenadas do ponto P que divide o segmento $\overline{AB}$ na razão $r = \frac{\overline{AP}}{\overline{PB}} = -2$ sendo A(1, 1) e B(6, 4). Fazer solução geométrica e analítica. Resp.:P(11,7)

3) Sendo A(1, 1) e B(6, 4) calcular P(x, y) na razão $r = -\frac{1}{3}$ sabendo que $r = \frac{\overline{AP}}{\overline{PB}}$. Fazer solução geométrica e analítica. Resp.:P(-3/2,-1/2)

# 5.5. Condição de Alinhamento de Três Pontos

Afirmamos que três pontos diferentes estão alinhados, ou seja, são colineares, quando podemos traçar uma reta por esses três pontos.

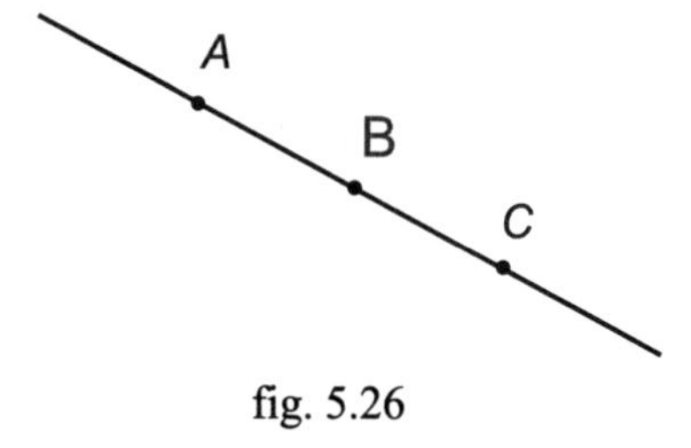


fig. 5.26

Os pontos A, B e C (fig. 5.26) são colineares (estão alinhados). Nesse caso não formam um triângulo ABC.

Já na figura 5.27 abaixo constatamos que os três pontos A, B e C formam um triângulo, logo não são colineares (não estão alinhados). Graficamente é fácil verificar que não é possível traçar uma única reta que contenha os pontos A, B e C.

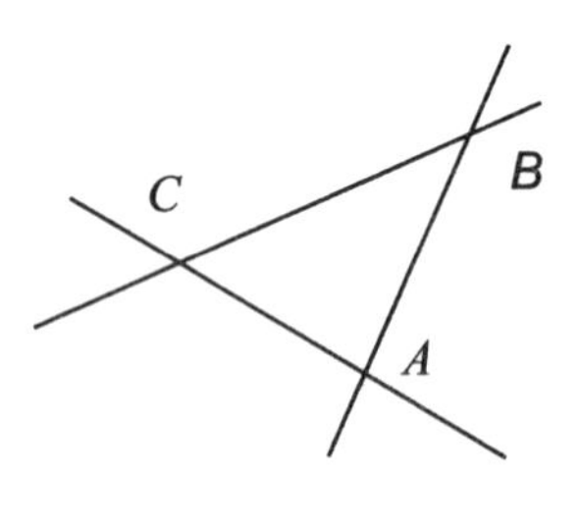


fig. 5.27

Faremos a seguir um estudo analítico, a partir da representação gráfica de três pontos colineares, para que possamos determinar uma relação matemática que nos permita deduzir algebricamente quando três pontos são ou não colineares.

Na figura 5.28 temos a representação de três pontos colineares: $A(x_A,y_A)$, $B(x_B,y_B)$ e $C(x_C,y_C)$ .

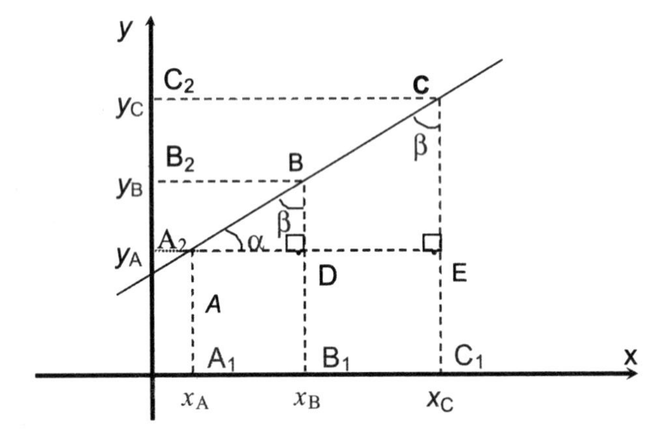


fig. 5.28

Unindo o ponto A, perpendicularmente ao segmento $\overline{CC_1}$, obtemos os pontos D e E.

De acordo com o critério AAA (revisado no item 3.6 do capítulo 3), os triângulos ADB e AEC são semelhantes. Como os triângulos são semelhantes seus lados correspondentes são proporcionais e, portanto podemos escrever:

$$\frac{\overline{AD}}{\overline{AE}} = \frac{\overline{DB}}{\overline{EC}} \quad (1)$$

Também da figura 5.28 podemos escrever :

$$\overline{AD} = \overline{A_1B_1} = x_B - x_A \quad e \quad \overline{AE} = \overline{A_1C_1} = x_C - x_A \quad (2)$$

$$\overline{DB} = \overline{A_2B_2} = y_B - y_A \quad e \quad \overline{EC} = \overline{A_2C_2} = y_C - y_A \quad (3)$$

Substituindo as igualdades (2) e (3) na igualdade (1) podemos escrever:

$$\frac{\overline{AD}}{\overline{AE}} = \frac{\overline{DB}}{\overline{EC}}$$

$$\frac{x_B - x_A}{x_C - x_A} = \frac{y_B - y_A}{y_C - y_A}$$

$$(x_B - x_A)(y_C - y_A) = (x_C - x_A)(y_B - y_A)$$

Aplicando a propriedade distributiva:

$$x_By_C - x_By_A - x_Ay_C + x_Ay_A = x_Cy_B - x_Cy_A - x_Ay_B + x_Ay_A$$

Igualando a zero:

$$\underline{x_By_C} - x_By_A - x_Ay_C + \cancel{x_Ay_A} - x_Cy_B + \underline{x_Cy_A} + \underline{x_Ay_B} - \cancel{x_Ay_A} = 0$$

$$x_By_C + x_Cy_A + x_Ay_B - x_By_A - x_Ay_C - x_Cy_B = 0$$

Verificamos que o 1º membro da igualdade acima é o desenvolvimento do determinante abaixo:

$$\begin{vmatrix} x_A & y_A & 1 \\ x_B & y_B & 1 \\ x_C & y_C & 1 \end{vmatrix}$$

O que permite escrever a equação:

$x_By_C + x_Cy_A + x_Ay_B - x_By_A - x_Ay_C - x_Cy_B = 0$, na seguinte forma:

$$\begin{vmatrix} x_A & y_A & 1 \\ x_B & y_B & 1 \\ x_C & y_C & 1 \end{vmatrix} = 0$$

Observamos que a 1ª, 2ª e 3ª linhas do determinante são respectivamente as coordenadas dos pontos A, B e C.

Assim concluímos que se $\begin{vmatrix} x_A & y_A & 1 \\ x_B & y_B & 1 \\ x_C & y_C & 1 \end{vmatrix} = 0$, então os pontos $A(x_A,y_A)$, $B(x_B,y_B)$ e $C(x_C,y_C)$ são colineares ou estão alinhados.

# 5.6. Área de um Triângulo

Um triângulo estará bem definido no plano se conhecermos as coordenadas de seus vértices. Poderíamos então perguntar:

"Será que conhecendo as coordenadas dos vértices de um triângulo conseguimos calcular a sua área?"

Para desenvolver nossas investigações analíticas analisaremos o problema a seguir.

Problema: Determinar a área do triângulo ABC (fig 5.29 a) que tem como vértices os pontos

$A(x_A, y_A)$, $B(x_B, y_B)$ e $C(x_C, y_C)$.

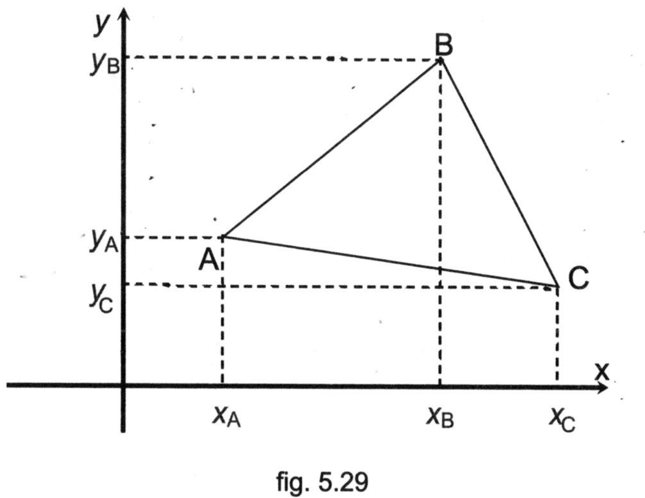


fig. 5.29

Na figura 5.29 b, verificamos que o triângulo ABC pode ser considerado como parte integrante de um quadrilátero PQRS.

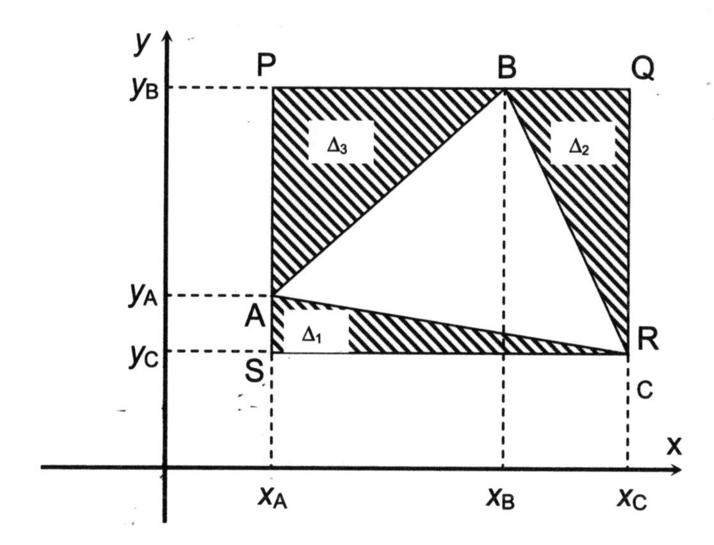


fig. 5.29 b

Dessa forma podemos calcular a área do triângulo ABC fazendo:

| Área do triângulo ABC | = | Área do quadrilátero PQRS | – | Área do triângulo 1 | – | Área do triângulo 2 | – | Área do triângulo 3 |
|---|---|---|---|---|---|---|---|---|

$$A_{\Delta ABC} = \text{base} \cdot \text{altura} - \frac{\text{base}_1 \cdot \text{altura}_1}{2} - \frac{\text{base}_2 \cdot \text{altura}_2}{2} - \frac{\text{base}_3 \cdot \text{altura}_3}{2}$$

$$A_{\Delta ABC} = \overline{PS} \cdot \overline{SC} - \frac{\overline{SC} \cdot \overline{AS}}{2} - \frac{\overline{BQ} \cdot \overline{QR}}{2} - \frac{\overline{PB} \cdot \overline{PA}}{2}$$

$$2A_{\Delta ABC} = 2\overline{PS} \cdot \overline{SC} - \overline{SC} \cdot \overline{AS} - \overline{BQ} \cdot \overline{QR} - \overline{PB} \cdot \overline{PA}$$

A representação geométrica também nos permite escrever :

$$\overline{PS} \cdot \overline{SC} = (y_B - y_C) \cdot (x_C - x_A)$$
$$\overline{SC} \cdot \overline{AS} = (x_C - x_A) \cdot (y_A - y_C)$$
$$\overline{BQ} \cdot \overline{QR} = (x_C - x_B) \cdot (y_B - y_C)$$
$$\overline{PB} \cdot \overline{PA} = (x_B - x_A) \cdot (y_B - y_A)$$

Assim teremos:

$$2A_{\Delta ABC} = 2(y_B - y_C) \cdot (x_C - x_A) - [(x_C - x_A) \cdot (y_A - y_C)] - [(x_C - x_B) \cdot (y_B - y_C)] - [(x_B - x_A) \cdot (y_B - y_A)]$$

Desenvolvendo e simplificando os termos semelhantes:

$$2A_{\Delta ABC} = 2y_B x_C - 2y_B x_A \cancel{-2y_C x_C} + 2y_C x_A - x_C y_A \cancel{+x_C y_C} \cancel{+x_A y_A} - x_A y_C - x_C y_B \cancel{+x_C y_C} \cancel{+x_B y_B} - x_B y_C \cancel{-x_B y_B} + x_B y_A + x_A y_B \cancel{-x_A y_A}$$

$$2A_{\Delta ABC} = 2y_B x_C - 2y_B x_A + 2y_C x_A - x_C y_A - x_A y_C - x_C y_B - x_B y_C + x_B y_A + x_A y_B$$

finalmente:

$$2A_{\Delta ABC} = y_B x_C - y_B x_A + y_C x_A - x_C y_A - x_B y_C + x_A y_B$$

Novamente podemos observar que o segundo membro da expressão acima é o desenvolvimento do seguinte determinante: $\begin{vmatrix} x_A & y_A & 1 \\ x_B & y_B & 1 \\ x_C & y_C & 1 \end{vmatrix}$.

Assim podemos escrever :

$$2A_{\Delta ABC} = \begin{vmatrix} x_A & y_A & 1 \\ x_B & y_B & 1 \\ x_C & y_C & 1 \end{vmatrix}$$

Ou ainda:

$$A_{\Delta ABC} = \frac{1}{2} \cdot \begin{vmatrix} x_A & y_A & 1 \\ x_B & y_B & 1 \\ x_C & y_C & 1 \end{vmatrix}$$

Como a área é sempre uma medida positiva, concluímos que a área do triângulo ABC de vértices $A(x_A, y_A)$, $B(x_B, y_B)$ e $C(x_C, y_C)$ é dada por:

$$A_{\Delta ABC} = \frac{1}{2} \cdot |D| \text{ sendo } D = \begin{vmatrix} x_A & y_A & 1 \\ x_B & y_B & 1 \\ x_C & y_C & 1 \end{vmatrix}$$

É fácil concluir que quando "D" for igual a zero, os pontos A,B e C serão colineares e portanto não existirá triângulo. A seguir veremos um exemplo.

Exemplo: Determinar a área do triângulo ABC de vértices A(3, 4), B(-5, 2) e C(0, -3).

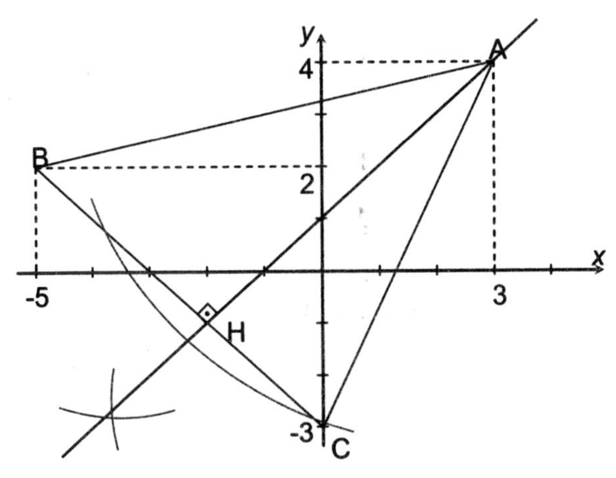


fig. 5.30

Tomando 1 cm como unidade de medida para os eixos x e y e localizando os pontos A(3, 4), B(-5, 2) e C(0, -3) no plano cartesiano obtemos os triângulo ABC (fig. 5.30).

## Solução 1:

Traçando com o auxílio do compasso uma reta perpendicular ao segmento $\overline{BC}$ que passe pelo ponto A, determinamos o ponto H (fig. 5.30).

Consideremos os segmentos $\overline{BC}$ e $\overline{AH}$, base e altura do triângulo ABC, respectivamente. Desta forma podemos calcular a área do triângulo ABC fazendo:

$$A_{\Delta ABC} = \frac{base \cdot altura}{2} = \frac{\overline{BC} \cdot \overline{AH}}{2}$$

Medindo com a régua teremos: $\overline{BC} \cong 7cm$ e $\overline{AH} \cong 7cm$.

$$A_{\Delta ABC} \cong \frac{7 \cdot 7}{2} = \frac{49}{2} = 24,5cm^2$$

A área do triângulo ABC obtido por esse procedimento é um valor aproximado, pois a régua não é um instrumento preciso.

Podemos obter o valor exato da área do triângulo usando as coordenadas de seus vértices, e aplicando a fórmula obtida no item 5.6: $A_{\Delta ABC} = \frac{1}{2} \cdot \left\| \begin{matrix} x_A & y_A & 1 \\ x_B & y_B & 1 \\ x_C & y_C & 1 \end{matrix} \right\|$, como veremos na solução a seguir.

## Solução 2:

$$A_{\Delta ABC} = \frac{1}{2} \cdot \left| \begin{matrix} 3 & 4 & 1 \\ -5 & 2 & 1 \\ 0 & -3 & 1 \end{matrix} \right| = -\frac{1}{2}(6 + 0 + 15 - 0 + 20 + 9) = \frac{1}{2}(50) = 25$$

unidades de área.

Do cálculo apresentado podemos afirmar que a área do triângulo ABC de vértices A(3, 4), B(-5, 2) e C(0, -3) será exatamente 25 $cm^2$ (podemos colocar $cm^2$, pois tomamos o cuidado de graduar os eixos do plano cartesiano de cm em cm).

A seguir apresentamos uma série de exercícios que podem ser explorados a partir dos conteúdos trabalhados até este capítulo.

## Sugestões de exercícios

1) Calcular a distância entre os pontos A (5, 1) e B (-3, 3). Fazer a representação gráfica e marcar a distância entre A e B.
2) Localizar os pontos P1 (1, 4) e P2 (7, 2) no plano cartesiano.
   2.1) Calcular a medida do segmento $\overline{P_1P_2}$.
   2.2) Localizar no plano cartesiano o ponto P que divide o segmento $\overline{P_1P_2}$ na razão $r = 1/3$, definida por $r = \dfrac{\overline{P_1P}}{\overline{PP_2}}$. Determinar também as coordenadas de P e fazer a solução gráfica com o uso do par de esquadros.
3) Determinar as coordenadas do ponto M que divide o segmento $\overline{AB}$, em dois segmentos congruentes, sendo A(1, 3) e B(6, 2). Fazer a solução gráfica e analítica.
4) Determinar as fórmulas que permitem calcular as coordenadas do ponto médio M do segmento $\overline{PQ}$, sendo $P(x_1, y_1)$ e $Q(x_2, y_2)$, conforme a figura ao lado:

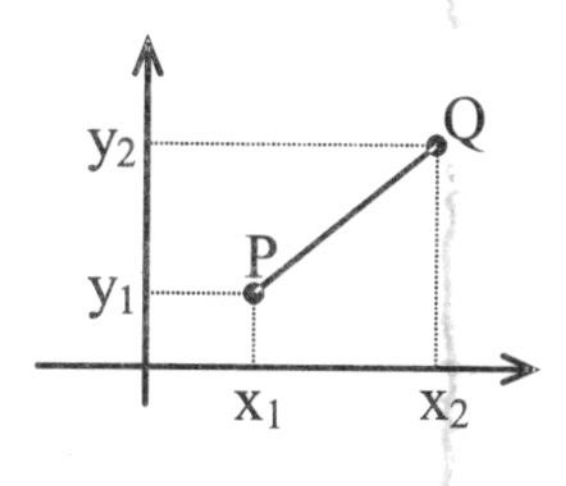


Obs.: ponto médio é o ponto que divide o segmento em duas partes exatamente iguais.

5) Calcular a distância entre os pontos C(-1, 3) e D(7, 0). Localizá-los no plano e marcar a distância d.

6) Dividir o segmento $\overline{AB}$ em 7 partes congruentes, sendo A(0, 0) e B(8,1).

7) Localizar no plano e determinar as coordenadas do ponto C que divide o segmento $\overline{BD}$ na razão $4/1$. B(1, 3) e D(5, 7).

8) Seja A um ponto do eixo das ordenadas. Dado o ponto B(-3, -2), calcule as coordenadas do ponto A de forma que o comprimento do segmento $\overline{AB}$ seja igual a 5. Fazer solução gráfica e analítica.

9) Verifique se os pontos A, B e C estão alinhados quando:

Obs.: Fazer solução gráfica e analítica.

a) (0, 2), B(-3, 1) e C(4, 5)

b) (-2, 6), B(4, 8) e C(1, 7)

10) Calcular a área do triangulo de vértices M(3,-1), N(-4,2) e P(0,7). Faça solução gráfica.

# Capítulo 6

## Representação Analítica de uma Reta

O grande trabalho da Geometria Analítica é a representação dos entes geométricos de forma analítica. Vimos que um ponto é representado analiticamente por suas coordenadas, conforme fig. 6.1:

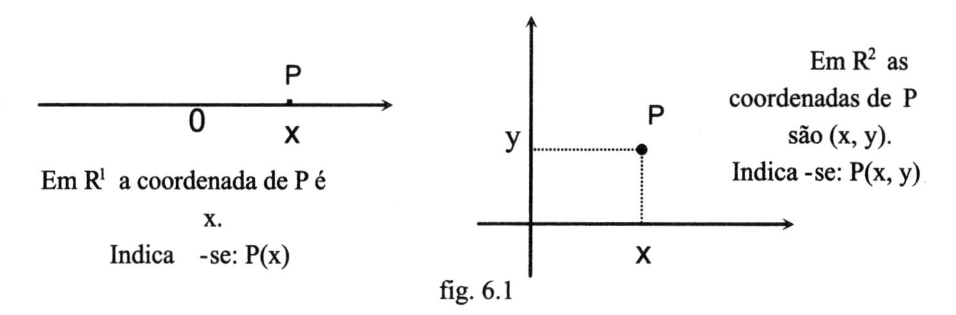


fig. 6.1

Agora nos preocuparemos com a *representação analítica de uma reta*. Para isso devemos saber o que é necessário para ter bem definida a posição de uma reta no plano.

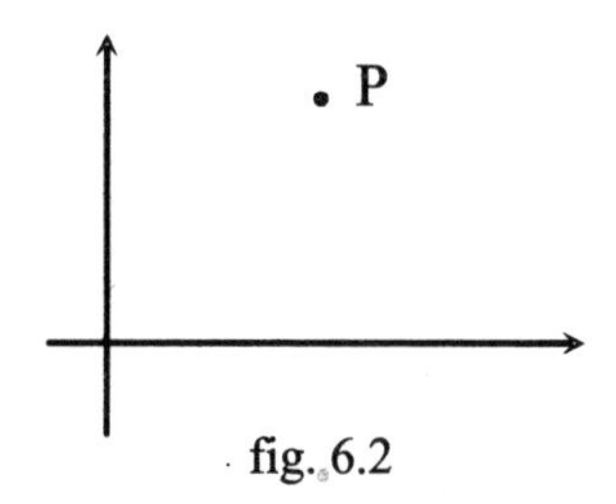


fig. 6.2

A figura 6.3 ilustra que para traçar uma reta $r$, que passe pelo ponto $P$ *(fig. 6.2)*, teríamos que conhecer *outro ponto* $Q$ pertencente a $r$, ou a direção de $r$ que será dada pelo *ângulo* $\alpha$ que essa forma com o eixo $x$ *no sentido anti-horário*.

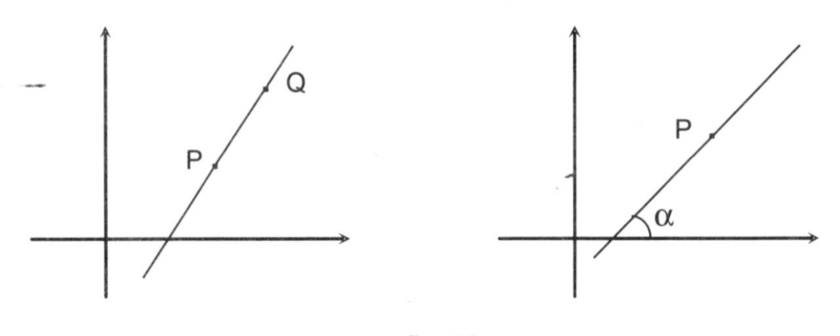


fig. 6.3

Antes de partirmos para as investigações que nos conduzirão à representação analítica de uma reta no plano, trabalharemos alguns conceitos importantes.

## 6.1. Inclinação de uma reta

O *ângulo* $\alpha$ que define a direção de uma reta ***r*** em relação ao eixo **x** é chamado de *inclinação da reta*. Na figura 6.4 mostramos que a inclinação $\alpha$ será sempre medida do eixo para a reta no sentido anti-horário.

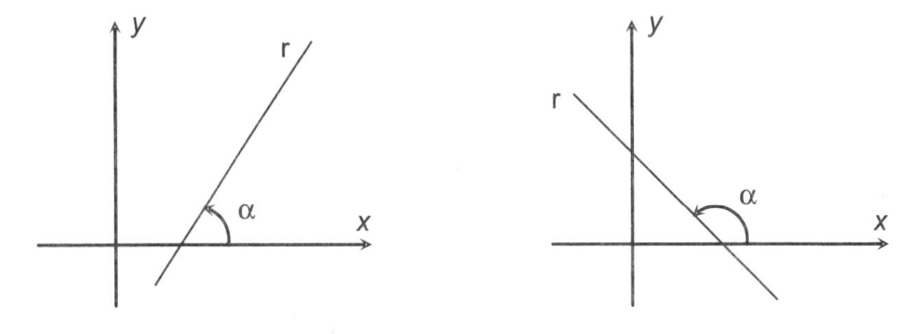


fig. 6.4

### 6.1.1. Coeficiente angular ou declividade de uma reta

Denomina-se *coeficiente angular* ou *declividade de uma reta r*, o número real "m" que expressa a *tangente trigonométrica de sua inclinação* α, ou seja:

$$\boxed{\begin{array}{c}\textit{Coeficiente Angular}\\ \text{ou}\\ \textit{Declividade}\end{array}} = m = tg\left(\alpha\right)$$

Abaixo fazemos um estudo das possíveis inclinações de uma reta e seus respectivos coeficientes angulares:

1. *Se* $0° < \alpha < 90° \Rightarrow tg(\alpha) > 0 \Rightarrow m > 0$

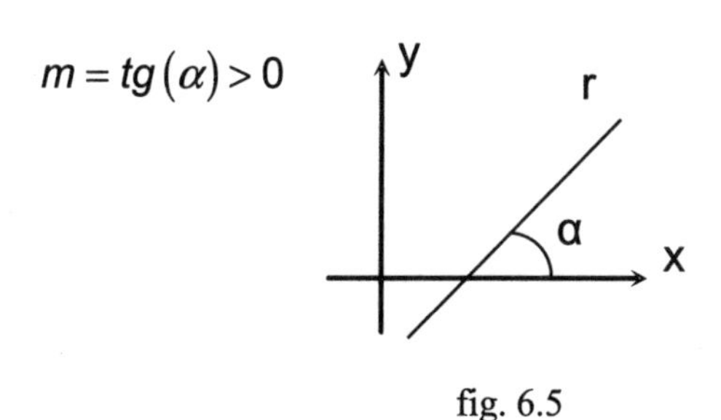


fig. 6.5

2. *Se* $90° < \alpha < 180° \Rightarrow tg(\alpha) < 0 \Rightarrow m < 0$

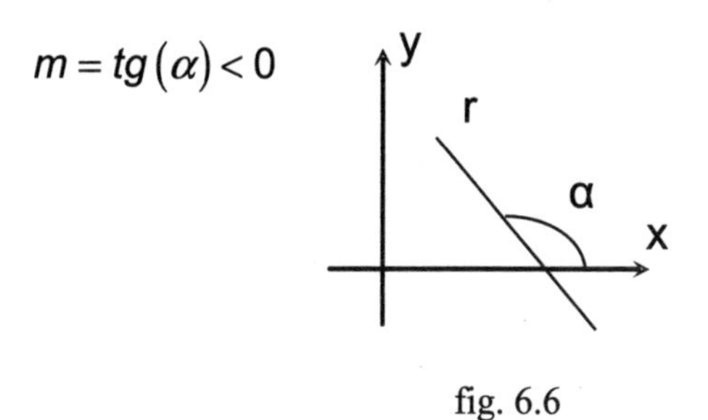


fig. 6.6

3. *Se* $\alpha = 90° \Rightarrow tg(\alpha)$ *não existe* $\Rightarrow m = \nexists$

(reta perpendicular ao eixo x)

$$m = tg(\alpha) = tg(90^{o}) = \nexists$$

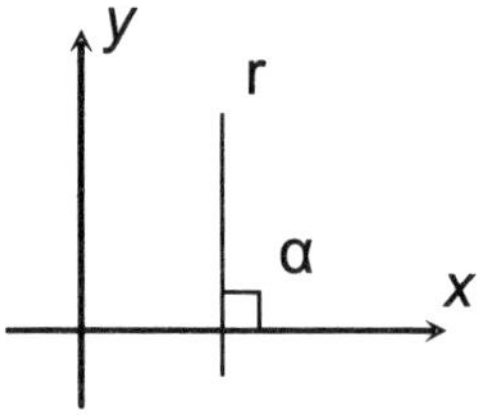

fig. 6.7

4. *Se* $\alpha = 0° \Rightarrow tg(\alpha) = 0 \Rightarrow m = 0$

(reta paralela ao eixo x)

$$m = tg(0^{0}) = 0$$

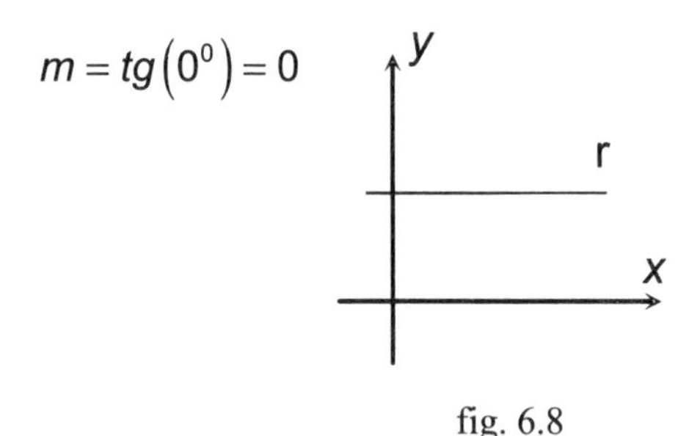


fig. 6.8

## 6.1.2. Cálculo do coeficiente angular da reta, conhecidos dois pontos

Dados dois pontos distintos $A(x_A, y_A)$ e $B(x_B, y_B)$, pertencentes a uma reta r, com $x_A \neq x_B$ (de modo que a reta r não seja paralela ao eixo y), podemos calcular o coeficiente angular m da seguinte forma:

$$\boxed{m = \frac{y_B - y_A}{x_B - x_A}}$$

A seguir mostraremos como essa fórmula foi obtida.

Localizando os pontos A e B no sistema plano de coordenadas cartesianas, podemos ter duas situações (fig. 6.9 e fig. 6.10), e em ambas poderemos verificar que $m = tg(\alpha)$ e $m = \dfrac{y_B - y_A}{x_B - x_A}$.

❖ Situação 1: $0° < \alpha < 90°$

Na fig. 6.9, α é um ângulo agudo e do triângulo ABC temos:

$$m = tg(\alpha) = \frac{\text{cateto oposto}}{\text{cateto adjacente}} = \frac{y_B - y_A}{x_B - x_A}$$

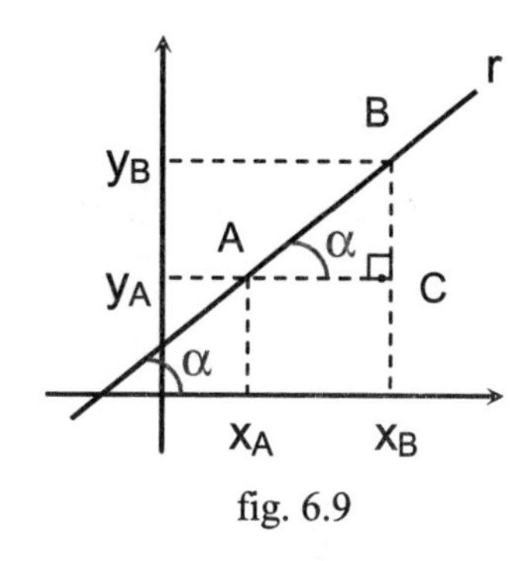


fig. 6.9

❖ Situação 2: $90° < \alpha < 180°$

Na fig. 6.10, α é um ângulo obtuso.

Da trigonometria temos $tg(\alpha) = -tg(\beta)$, pois $\alpha + \beta = 180°$. Logo: $m = tg(\alpha) = -tg(\beta)$.

Do triângulo ABC, temos:

$$tg(\beta) = \frac{\text{cateto oposto}}{\text{cateto adjacente}} = \frac{y_A - y_B}{x_B - x_A}$$

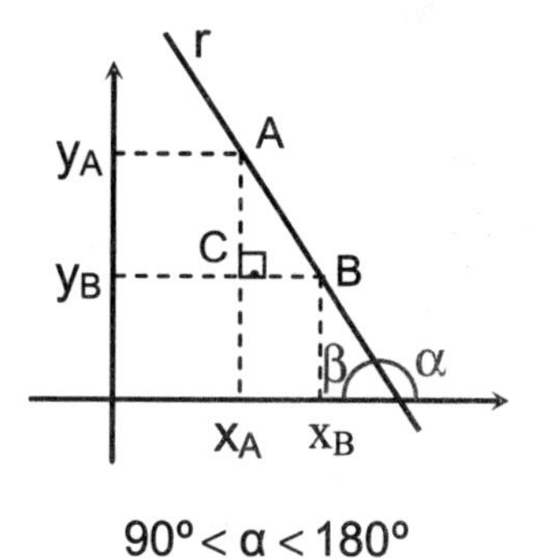


$90° < \alpha < 180°$

fig. 6.10

E portanto podemos escrever:

$$m = tg(\alpha) = -tg(\beta) = -\frac{(y_A - y_B)}{x_B - x_A} = \frac{-y_A + y_B}{x_B - x_A} = \frac{y_B - y_A}{x_B - x_A}$$

Verificamos pelas situações 1 e 2 que independente do valor de α, teremos o coeficiente angular (ou declividade) $m = \frac{y_B - y_A}{x_B - x_A}$.

**Sugestão de exercício:**

Determinar a inclinação e o coeficiente angular da reta que passa pelos pontos $A(1,1)$ e $B(6,7)$. Resp.: $m = 6/5$ e $\alpha \cong 50,18^{\circ}$.

# 6.2. Equação da reta

A representação analítica de uma reta é a sua equação. Veremos a seguir, deduções que nos conduzirão à equação de uma reta.

## 6.2.1. Equação de uma reta dados dois pontos

Dados dois pontos distintos $A(x_A, y_A)$ e $B(x_B, y_B)$, pertencentes a uma reta r. Para que um ponto $P(x, y)$ pertença a reta r é condição necessária e suficiente que os pontos A, B e P estejam alinhados ou sejam pontos colineares .

Vimos no item 5.5 (capítulo 5) que os pontos $A(x_A, y_A)$ e $B(x_B, y_B)$ e , $P(x, y)$ serão colineares se e somente se:

$$\begin{vmatrix} x & y & 1 \\ x_A & y_A & 1 \\ x_B & y_B & 1 \end{vmatrix} = 0$$

Esta condição também é chamada de equação da reta na forma determinante.

## 6.2.2. Equação de uma reta, dados um ponto e seu coeficiente angular

Seja $P(x_P, y_P)$ um ponto pertencente a uma reta r e $m = tg(\alpha)$ $(0° < \alpha < 90°)$ o seu coeficiente angular.

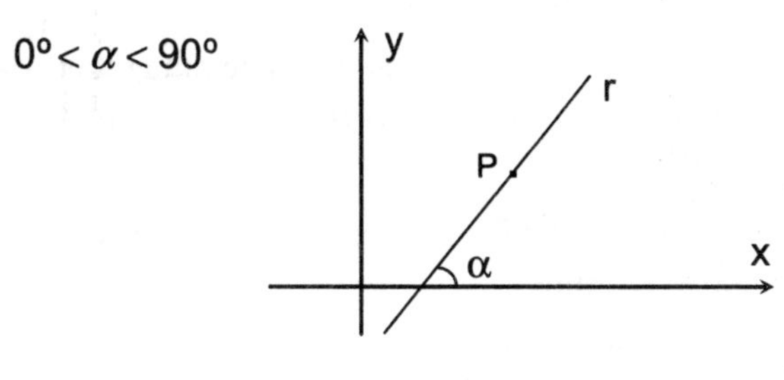


fig.6.11

Para que um ponto $Q(x, y)$ pertença à reta r (fig. 6.12) é condição necessária e suficiente que: $\dfrac{y_Q - y_P}{x_Q - x_P} = m$ ou $\dfrac{y_P - y_Q}{x_P - x_Q} = m$

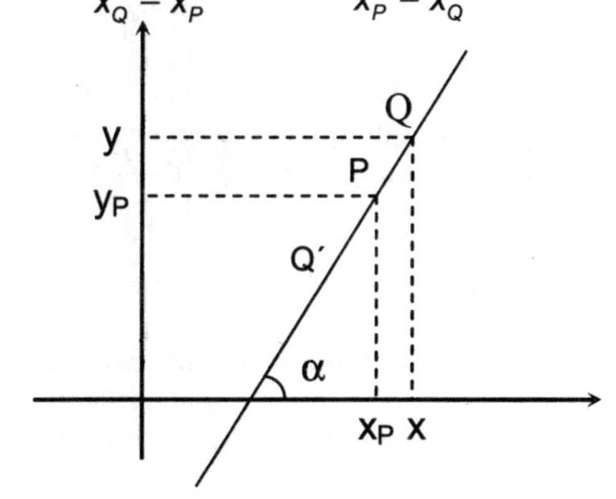


fig. 6.12

Sendo $P(x_p, y_P)$ e $Q(x, y)$, teremos $\dfrac{y_Q - y_P}{x_Q - x_P} = m$ e $\dfrac{y - y_P}{x - x_P} = m$, fazendo $x_Q = x$ e $y_Q = y$.

Assim obtemos a equação:

$\boxed{y - y_P = m(x - x_P)}$ chamada de equação de uma reta na forma ponto - declividade.

Obs. 1: A equação da reta para α obtuso, ou seja, $90° < \alpha < 180°$ será a mesma.

Obs. 2: Desenvolvendo a equação da reta na forma *ponto declividade* ou *na forma determinante*, obtemos uma equação na forma $\boxed{ax + by + c = 0}$, chamada de *equação geral da reta.*

Obs. 3: Conhecida a equação geral de uma reta r, $ax + by + c = 0$ e, sendo $b \neq 0$, podemos isolar a variável y e obter a equação da reta na forma reduzida: $y = mx + q$.

Obs. 4: Da mesma forma, desenvolvendo a equação: $y - y_P = m(x - x_P)$ e isolando y, teremos:

$$y - y_P = mx - mx_P$$

$$y = \underbrace{mx}_{\substack{parte\\literal}} - \underbrace{mx_P + y_P}_{\text{parte numérica}}$$

$$y = \underbrace{mx}_{\substack{parte\\literal}} - \underbrace{mx_P + y_P}_{\text{parte numérica}}$$

Fazendo $q = -mx_P + y_P$ podemos escrever a equação acima na forma $y = mx + q$. O que nos mostra que quando a equação da reta está na f*orma reduzida*, o coeficiente de x é o *coeficiente angular m da reta.*

## Sugestões de exercícios:

***Em todos os exercícios é importante fazer solução gráfica e analítica.***

1) Determinar a equação geral da reta que passa pelos pontos A(1, 2) e B(0, 3).

Resp.: x+y-3=0.

2) Determinar a equação geral da reta que passa pelo ponto P(2, 3) e que tem inclinação de 45°.

Resp.: x-y+1=0.

3) Determinar a equação da reta que passa pelo ponto A (2, 3) e é paralela ao eixo x.

Resp.: x=3.

4) Determinar a equação da reta que passa pelo ponto A (2, 3) e é paralelo ao eixo y.

Resp.: x=2.

5) Determine o coeficiente angular (m) das retas que passam pelos pontos A e B e faça o gráfico de cada reta, quando:

a) A(-1, 4) e B(3, 2)

b) A(4, 3) e B(-2, 3)

c) A(2, 5) e B(-2, -1)

d) A(4, -1) e B(4, 4)

6) A equação reduzida de uma reta é $y = 4x - 1$. Calcule:

a) O ponto da reta de abscissa 2;

b) O ponto de intersecção da reta com o eixo 0x;

c) O ponto de intersecção da reta com o eixo 0y.

7) Dada a reta que tem como equação $3x + 4y = 7$, determine o coeficiente angular da reta.

8) Determine a equação geral da reta que passa pelos pontos:

a) (-1, -2) e (5, 2)

b) (2, -1) e (-3, 2)

9) Verifique se o ponto A(2, 2) pertence à reta de equação $2x + 3y - 10 = 0$. Fazer solução gráfica e analítica.

# Capítulo 7

# Aplicações da Representação Analítica de uma Reta

Agora que conhecemos a representação analítica de um ponto e de uma reta no plano, podemos ampliar nossas investigações analíticas.

Verificaremos que, ao termos a posição de um ponto bem definido por suas coordenadas e a posição de uma reta definida por sua equação, resolveremos problemas de geometria plana com muita precisão. Salientamos que sempre que for possível, iniciaremos a resolução dos problemas propostos partindo da solução gráfica, procurando assim mostrar que a compreensão gráfica do problema norteará a solução analítica.

## 7.1 Posição Relativa de Duas Retas

Duas retas r e s pertencentes a um plano podem ser:

a) Paralelas: duas retas r e s pertencentes ao mesmo plano serão paralelas se possuírem a mesma direção, ou ainda se não possuírem pontos em comum (fig. 7.1). Como as retas podem ser consideradas um conjunto de pontos, podemos usar a notação da teoria dos conjuntos e escrever: $\boxed{r \cap s = \varnothing}$.

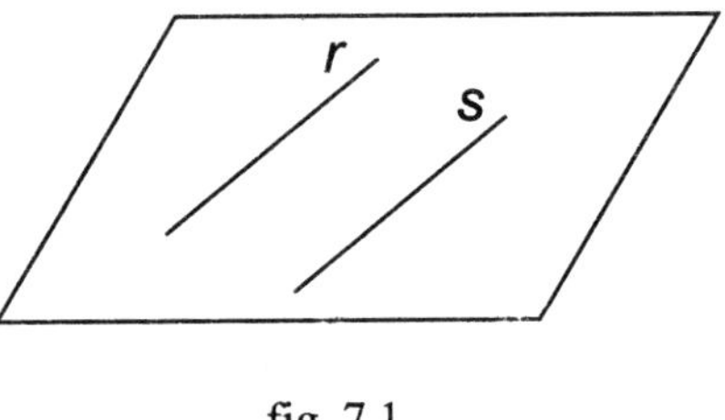


fig. 7.1

Obs.: Um caso particular de retas paralelas são as retas coincidentes, também chamadas de retas iguais (fig. 7.2). Podemos escrever: $\boxed{r \cap s = r \text{ ou } r \cap s = s}$.

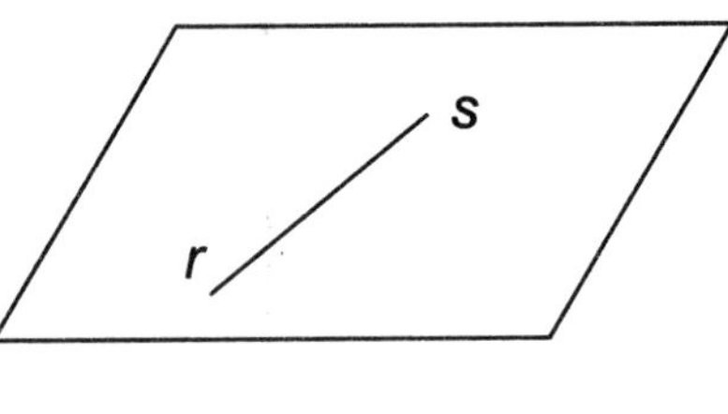


fig. 7.2

b) Concorrentes: duas retas r e s pertencentes a um mesmo plano são ditas concorrentes se possuírem apenas um ponto "I" em comum. (fig. 7.3)

Obs.: Um caso particular de retas concorrentes são as retas perpendiculares que se interceptam em um ponto "I", formando entre si quatro ângulos de 90º. (fig. 7.4)

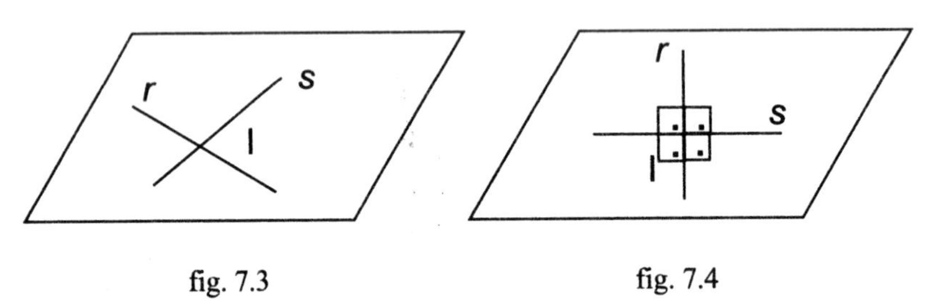


fig. 7.3

fig. 7.4

Como vimos, a representação analítica de uma reta é a sua equação, procuraremos então responder a seguinte pergunta:

"É possível determinar a posição relativa de duas retas conhecendo apenas as suas equações?"

Consideremos as retas $r : y = m_1x + n$ e $s : y = m_2x + q$ de inclinações $\alpha_1$ e $\alpha_2$ respectivamente. As equações das retas r e s estão na forma reduzida e, portanto, $m_1$ e $m_2$ são seus coeficientes angulares. A seguir mostraremos como podemos utilizar as equações das retas r e s , para determinar a posição entre as mesmas.

## 7.1.1 Retas Paralelas

Podemos observar na figura 7.5 que se as retas r e s forem paralelas, suas inclinações $\alpha_1$ e $\alpha_2$ serão iguais. Por definição temos: $\boxed{m_1 = tg(\alpha_1) \text{ e } m_2 = tg(\alpha_2)}$
Portanto, se r e s são paralelas, teremos $m_1$ igual a $m_2$, pois $\alpha_1 = \alpha_2$.

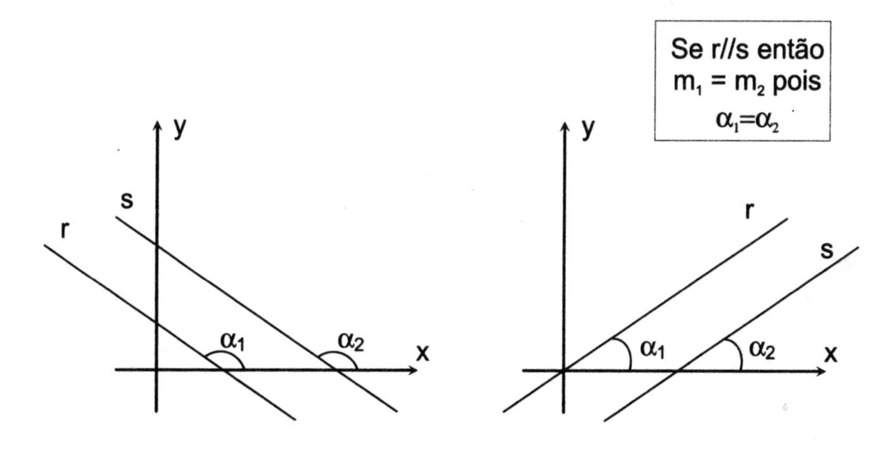


fig. 7.5

**Obs.:** quando $\alpha_1 = \alpha_2 = 90°$ teremos um caso particular. Teremos que $m_1 = m_2 = tg(90°)$, mas tg(90°) não existe! Os coeficientes angulares não existirão, mas as retas existirão e serão paralelas ao eixo y ou perpendiculares ao eixo x. (fig. 7.6)

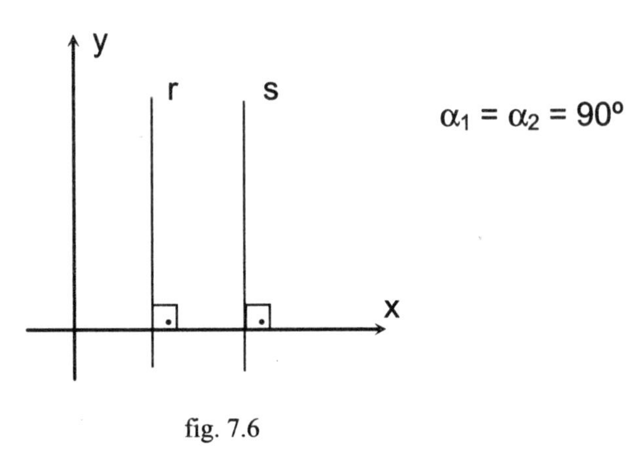


fig. 7.6

## 7.1.2 Retas Concorrentes

Observando a figura 7.7 notamos que quando r e s são concorrentes, suas inclinações $\alpha_1$ e $\alpha_2$ são diferentes e, portanto como: $\boxed{m_1 = tg(\alpha_1) \text{ e } m_2 = tg(\alpha_2)}$, teremos: $m_1 \neq m_2$, pois $\alpha_1 \neq \alpha_2$.

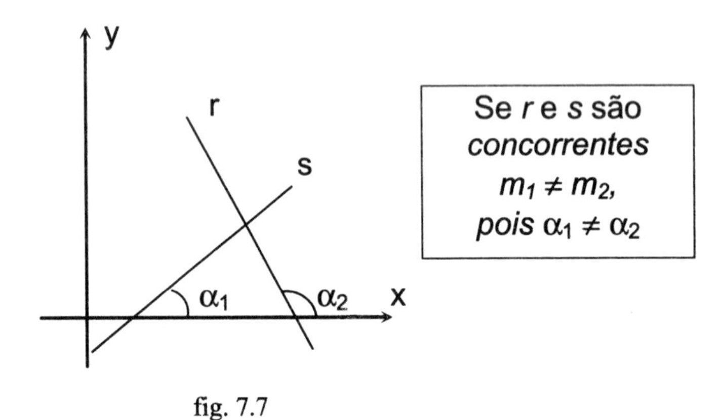


fig. 7.7

### 7.1.3 Retas Perpendiculares

Um caso particular de retas concorrentes são as retas *perpendiculares*. Para obtermos uma relação matemática entre os coeficientes angulares de r e s, quando essas forem perpendiculares, estudaremos algumas propriedades geométricas do triângulo ABP da figura 7.8.

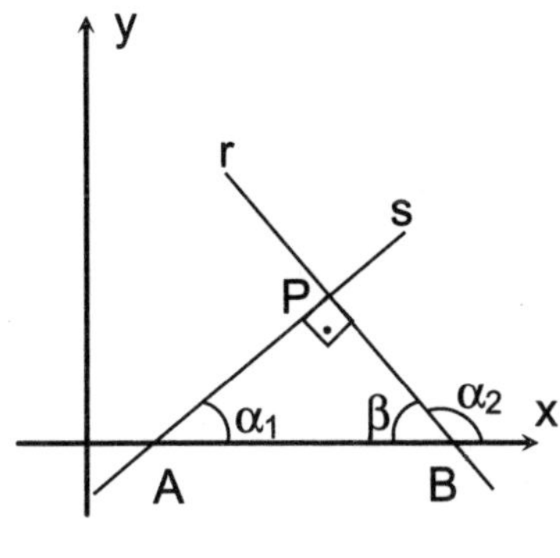


fig. 7.8

Do triângulo ABP (fig. 7.8) teremos:

$$\alpha_2 + \beta = 180^\circ \quad (1) \text{ e } \alpha_1 + 90^\circ + \beta = 180^\circ \quad (2)$$

Igualando (1) e (2) teremos:

$$\alpha_2 + \beta = \alpha_1 + 90^\circ + \beta$$

$$\alpha_2 = \alpha_1 + 90^\circ$$

Aplicando a tangente nos dois membros da equação teremos:

$$tg\alpha_2 = tg(\alpha_1 + 90^\circ)$$

$$tg\alpha_2 = \frac{sen(\alpha_1 + 90^\circ)}{\cos(\alpha_1 + 90^\circ)}$$

$$tg\alpha_2 = \frac{sen\,\alpha_1 \cdot \cos 90^\circ + \cos\alpha_1 \cdot sen\,90^\circ}{\cos\alpha_1 \cdot \cos 90^\circ - sen\,\alpha_1 \cdot sen\,90^\circ}$$

$$tg\alpha_2 = \frac{sen\alpha_1\ 0 + \cos\alpha_1\ 1}{\cos\alpha_1\ 0 - sen\alpha_1\ 1}$$

$$tg\alpha_2 = \frac{\cos\alpha_1}{-sen\alpha_1} = \frac{-1}{\frac{sen\alpha_1}{\cos\alpha_1}} = -\frac{1}{tg\alpha_1}$$

Como $tg\alpha_2 = m_2$ e $tg\alpha_1 = m_1$, teremos:

$$tg\alpha_2 = -\frac{1}{tg\alpha_1} \Rightarrow m_2 = -\frac{1}{m_1}$$

Assim, quando as retas r e s forem perpendiculares seus coeficientes angulares serão inversos e opostos, ou seja, $m_1 = -\frac{1}{m_2}$ ou ainda $m_2 = -\frac{1}{m_1}$.

A seguir apresentamos um exemplo resolvido com 4 e situações distintas, onde demos ênfase a resolução analítica, procurando mostrar que apenas conhecendo as equações de duas retas, podemos determinar a posição entre elas.

Exemplo: Determinar a posição da reta r em relação à reta s em cada um dos casos:

1) $r: 3x - 2y + 3 = 0$ e $s: -6x + 4y + 1 = 0$

**Resolução:**

Passaremos as equações das retas r e s para a forma reduzida a fim de identificar os seus coeficientes angulares mr e ms.

$$r: 3x - 2y + 3 = 0 \Rightarrow y = \frac{3x}{2} + \frac{3}{2} \;\therefore\; m_r = \frac{3}{2}$$

$$s: -6x + 4y + 1 = 0 \Rightarrow y = \frac{3x}{2} + \frac{3}{2} \;\therefore\; m_r = \frac{3}{2}$$

Como $m_r = m_s = \frac{3}{2}$, as retas r e s são paralelas.

2) $r: x + 3y - 1 = 0$ e $s: -6x + 4y + 1 = 0$

**Resolução:**

$$r: x + 3y - 1 = 0 \quad y = \frac{-x+1}{3} \Rightarrow y = -\frac{x}{3} + \frac{1}{3} \;\therefore\; m_r = -\frac{1}{3}$$

$$s: -6x + 4y + 1 = 0 \quad y = \frac{6x-1}{4} \Rightarrow y = \frac{3x}{2} - \frac{1}{4} \;\therefore\; m_r = \frac{3}{2}$$

Como $m_r \neq m_s$ as retas r e s são concorrentes.

3) $r: x + 2y - 2 = 0$ e $s: 2x - y + 1 = 0$

**Resolução:**

$$r: x - 2y - 2 = 0 \Rightarrow y = \frac{-x+2}{2} \Rightarrow y = -\frac{x}{2} + 1 \therefore m_r = -\frac{1}{2}$$

$$s: 2x - y + 1 = 0 \Rightarrow y = 2x + 1 \therefore m_s = 2$$

Como $m_s = \frac{-1}{m_r}$, ou seja, inversos e opostos, as retas r e s são perpendiculares.

Obs.: Sugerimos como atividade, a representação gráfica dos três exemplos apresentados, para melhor visualização geométrica das respostas.

4) $r: y = 3$ e $s: x = 4$

**Resolução:**

Podemos escrever a equação da reta r da seguinte forma: $y = 0x + 3$ e, portanto, seu coeficiente angular $m_r$ é zero.

A equação da reta s não pode ser escrita na forma reduzida. Ficaria a pergunta como determinar $m_s$?

Na fig. 7.9 fizemos a representação gráfica das retas r e s no mesmo plano cartesiano, o que nos permite afirmar que r e s são perpendiculares.

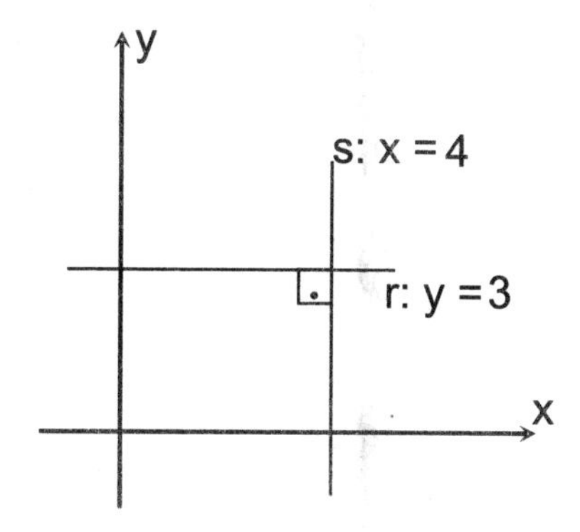


fig. 7.9

Pela solução gráfica observamos que $\alpha_s = 90°$ e, portanto $m_s = tg\ (90°)$, não existe. Com este exemplo enfatizamos mais uma vez a importância da representação gráfica para a compreensão do problema.

# 7.2. Intersecção de duas retas

A intersecção de duas retas concorrentes r e s é um ponto I. Inicialmente podemos obter a posição do ponto I no plano cartesiano graficando as retas.

Tomamos como exemplo as retas $r: x + 2y - 8 = 0$ e $s: 3y - 2x - 3 = 0$.

**Solução gráfica**:

$r: x + 2y - 8 = 0$

| $x$ | $y$ |
|---|---|
| 0 | 4 |
| 2 | 3 |

$s: 3y - 2x - 3 = 0$

| $x$ | $y$ |
|---|---|
| 0 | 1 |
| $-\frac{3}{2}$ | 0 |

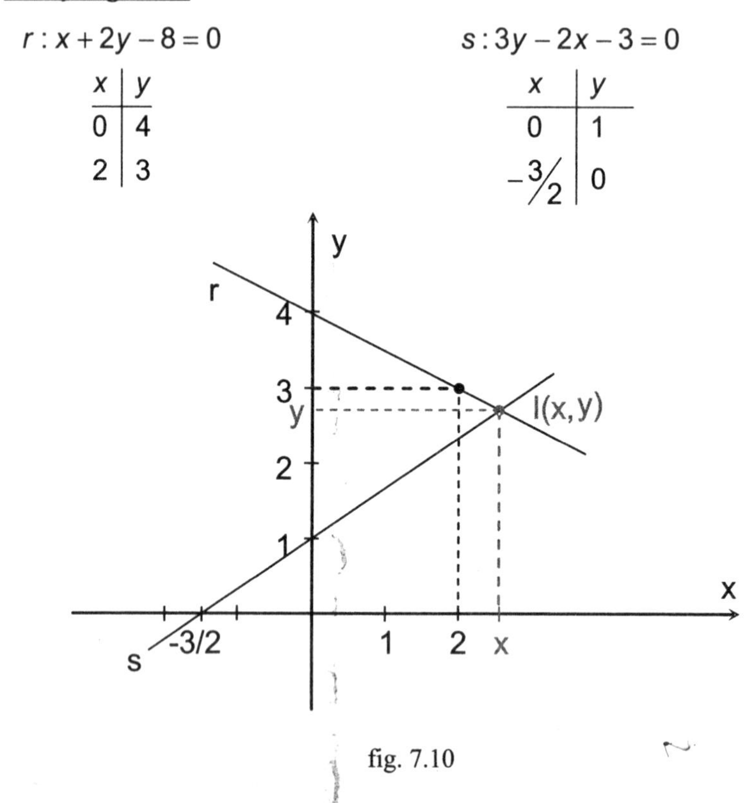


fig. 7.10

Na solução gráfica apresentada na fig. 7.10, conseguimos visualizar a posição do ponto **I** no plano, mas não temos precisão dos valores de suas coordenadas ***x*** e ***y***.

No entanto, como I é um ponto que pertence às retas r e s, deverá satisfazer simultaneamente as suas equações.

Dessa forma, para obter com precisão os valores das coordenadas do ponto I, devemos resolver o sistema linear formado pelas equações das retas r e s. Chamaremos essa solução de solução analítica.

**Solução analítica**:

Teremos: $r: x+2y-8=0$ e $s: 3y-2x-3=0$

$$\begin{cases} x+2y-8=0 \\ -2y+3y-3=0 \end{cases}$$

O sistema composto pelas equações de r e s é um sistema linear e pode ser resolvido por vários métodos.

Passando as equações para a forma reduzida, teremos:

$$r: x+2y-8=0 \quad \Rightarrow \quad y=\frac{-x+8}{2}$$

$$s: 3y-2x-3=0 \quad \Rightarrow \quad y=\frac{2x+3}{3}$$

Como o ponto I pertence às retas r e s, e deverá satisfazer as duas equações simultaneamente, teremos por comparação:

$$y_r = y_s$$

$$\frac{-x+8}{2}=\frac{2x+3}{3}$$

$$-3x+24=4x+6$$

$$x=\frac{18}{7}\cong 2{,}57$$

Substituindo $x=\frac{18}{7}$ na equação $y=\frac{-x+8}{2}$ ou na equação $y=\frac{2x+3}{3}$ obteremos o valor da ordenada do ponto I.

$$y=\frac{2x+3}{3}=\frac{2\cdot\frac{18}{7}+3}{3}=\frac{\frac{36}{7}+3}{3}=\frac{\frac{36+21}{7}}{3}=\frac{\frac{57}{7}}{3}=\frac{57}{7}\cdot\frac{1}{3}=\frac{57}{21}\cong 2{,}71$$

O ponto $I\left(\frac{18}{7},\frac{57}{21}\right)$ é o ponto de intersecção das retas $r: x+2y-8=0$ e $s: 3y-2x-3=0$.

## 7.3. Ângulo entre duas retas

A figura 7.11 nos mostra que quando duas retas ***concorrentes*** **r** e **s,** se interceptam, formam entre si, dois ângulos agudos (menores que 90º) e dois ângulos obtusos (maiores que 90º).

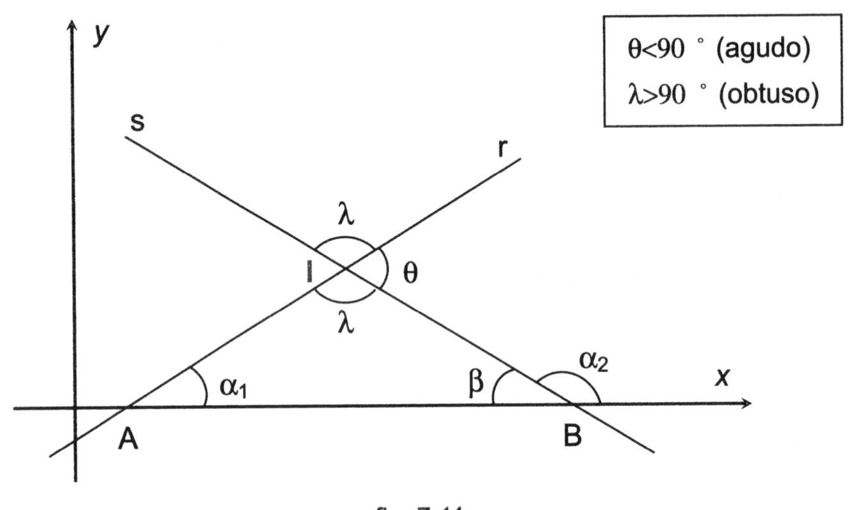


fig. 7.11

A seguir procuraremos responder a seguinte pergunta:

> **"É possível determinar o ângulo formado entre duas retas conhecendo apenas as suas equações?"**

Para responder essa questão, tomaremos duas retas *r* e *s* concorrentes, de equações $r: y = m_r x + n$ e $s: m_s x + q$, de inclinações $\alpha_1$ e $\alpha_2$ respectivamente e representadas graficamente na figura 7.11.

Para calcularmos os ângulos formados entre as retas r e s, usaremos algumas propriedades geométricas do triângulo "IAB" da fig. 7.11.

Do triângulo IAB, temos:

$$\alpha_1 + \lambda + \beta = 180° \quad (1) \text{ e } \alpha_2 + \beta = 180° \quad (2)$$

Igualando as equações (1) e (2), teremos:

$$\alpha_1 + \lambda + \cancel{\beta} = \alpha_2 + \cancel{\beta}$$

$$\alpha_1 + \lambda = \alpha_2$$

$$\lambda = \alpha_2 - \alpha_1$$

Aplicando "tangente" nos dois membros da igualdade, teremos:

$$tg\lambda = tg(\alpha_2 - \alpha_1)$$

$$\boxed{tg\lambda = \frac{tg\alpha_2 - tg\alpha_1}{1 + tg\alpha_2 \cdot tg\alpha_1}}$$ Identidade Trigonométrica

Como $tg\alpha_2 = m_s$ e $tg\alpha_1 = m_r$, podemos escrever:

$$\boxed{tg\lambda = \frac{m_s - m_r}{1 + m_s \cdot m_r}} \quad (3)$$

Dessa forma, verificamos que conhecendo os coeficiente angulares $m_r$ e $m_s$, conseguimos calcular o ângulo obtuso $\lambda$ formado entre as retas r e s.

Analisando novamente a fig. 7.11 é fácil verificar que $\lambda$ e $\theta$ são ângulos suplementares, ou seja, $\lambda + \theta = 180°$. Da trigonometria temos que quando dois ângulos são suplementares, o valor de suas tangentes tem sinais opostos, o que nos permite escrever:

$$tg\theta = -tg\lambda$$

como $tg\lambda = \dfrac{m_s - m_r}{1 + m_s \cdot m_r}$, teremos:

$$tg\theta = -\left(\frac{m_s - m_r}{1 + m_s \cdot m_r}\right)$$

$$\boxed{tg\theta = \frac{m_r - m_s}{1 + m_s \cdot m_r}} \quad (4)$$

Novamente apenas conhecendo os coeficientes angulares $m_r$ e $m_s$, conseguimos calcular o ângulo agudo θ, formado entre as retas r e s.

Na maioria das vezes que verificamos o ângulo formado entre duas retas, nos referimos ao ângulo agudo. Analisando as equações (3) e (4), notamos que nos numeradores temos as seguintes expressões: $(m_s - m_r)$ e $(m_r - m_s)$, respectivamente.

Sem fazer a representação gráfica das retas, encontraríamos problemas em definir quais das expressões usaríamos em uma solução analítica para calcular o ângulo agudo. No entanto, as equações (3) e (4) diferem apenas no sinal, ou seja, uma nos daria o valor positivo da tangente e a outra nos daria um valor negativo da tangente. Em valor absoluto as tangentes seriam exatamente iguais e nos dariam sempre o valor da tangente θ, pois para *ângulos agudos a tangente é sempre positiva.*

Dessa forma, o ângulo agudo θ formado entre duas retas concorrentes r e s, independente de suas posições no plano cartesiano, poderá ser calculado em módulo (valor absoluto) pela equação (3) ou pela equação (4). Assim teremos:

$$tg(\theta) = \left|\frac{m_r - m_s}{1 + m_r.m_s}\right| \quad ou \quad tg(\theta) = \left|\frac{m_s - m_r}{1 + m_r.m_s}\right|$$

A seguir trazemos um exemplo de utilização dessas fórmulas.

**<u>Exemplo</u>**: Determinar o ângulo agudo formado entre as retas $r: -3x + y - 100 = 0$ e $s: 2x - y + 200 = 0$.

Poderíamos começar a resolver este exercício pela solução gráfica.

$r: -3x + y - 100 = 0$

| x | y |
|---|---|
| 0 | 100 |
| 1 | 103 |

$s: 2x - y + 200 = 0$

| x | y |
|---|---|
| 0 | 200 |
| 1 | 202 |

Porém, na figura 7.12 observamos que, dependendo da graduação que utilizemos para os eixos *x* e *y* e da posição do ponto de intersecção entre as retas, pode ser que não consigamos visualizar a intersecção das retas na representação gráfica.

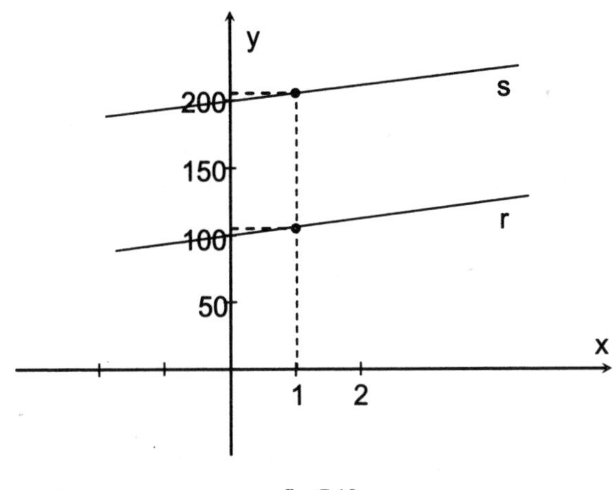


fig. 7.12

No entanto, apenas estudando as inclinações das retas através de seus coeficientes angulares saberemos se as retas são concorrentes ou não.

$$r: -3x + y - 100 = 0 \Rightarrow y = 100 + 3X \;\therefore\; m_r = 3$$
$$s: 2x - y + 200 = 0 \Rightarrow y = 200 + 2x \;\therefore\; m_s = 2$$

Como $m_r$ e $m_s$ são diferentes, as retas r e s terão inclinações diferentes, e portanto serão concorrentes, ou seja terão um ponto de intersecção. Podemos calcular o ângulo agudo formado entre elas usando a fórmula:

$$tg(\theta) = \left|\frac{m_r - m_s}{1 + m_r.m_s}\right| \quad ou \quad tg(\theta) = \left|\frac{m_s - m_r}{1 + m_r.m_s}\right|$$

Assim teremos:

$$tg(\theta) = \left|\frac{2-3}{1+2.3}\right| = \left|\frac{-1}{7}\right|$$

$$tg(\theta) = \frac{1}{7} \Rightarrow \theta = arctg(1/7) \Rightarrow \theta \cong 8,13^o$$

**Obs.1**: Para obter o valor de θ conhecendo o valor de sua tangente, podemos usar a calculadora da seguinte forma:

Digitar: $1 \div 7 =$ aparecerá no visor 0,142857142.

Em seguida digitar: [2nd F] ou [Shift] [tan] = aparecerá no visor 8,130102354, que é o valor do ângulo θ em graus (a calculadora deve estar no modo "DEG").

**Obs.2**: Para visualizarmos a intersecção de retas concorrentes r e s na representação gráfica, devemos primeiramente determinar o ponto I de intersecção.

$y_r = 100 + 3x$ e $y_s = 200 + 2x$

Como vimos anteriormente no ponto de intersecção "I", teremos:

$y_r = y_s$

$100 + 3x = 200 + 2x$

$\boxed{x = 100}$

Para $x = 100$, teremos:

$y = 100 + 3.(100)$

$\boxed{y = 400}$

logo: o ponto de intersecção será: I (100, 400)

Fazendo a representação gráfica das retas, teremos:

$y = 100 + 3x$

| x | y |
|---|---|
| 0 | 100 |
| 100 | 400 |

$y = 200 + 2x$

| x | y |
|---|---|
| 0 | 200 |
| 100 | 400 |

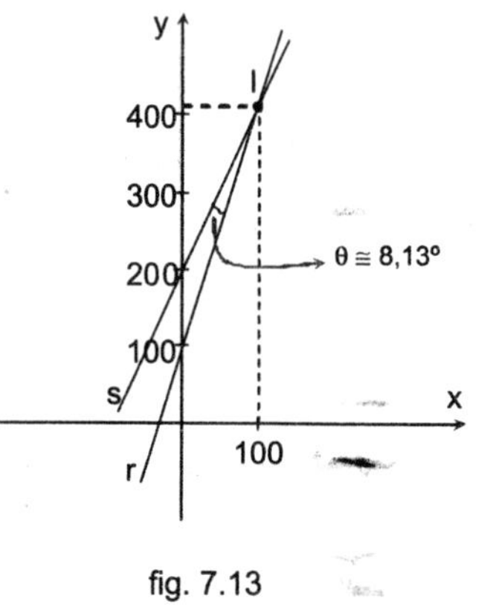

fig. 7.13

A representação gráfica das retas, utilizando o ponto de intersecção, nos permite visualizar também o ângulo agudo θ formado entre as mesmas.

## 7.4. Distância entre ponto e reta

A distância de um ponto P ($x_P$, $y_P$) a uma reta r de equação $ax + by + c = 0$ é a medida do segmento de reta perpendicular à reta r e que tem uma extremidade em P e outra em r (fig. 7.14).

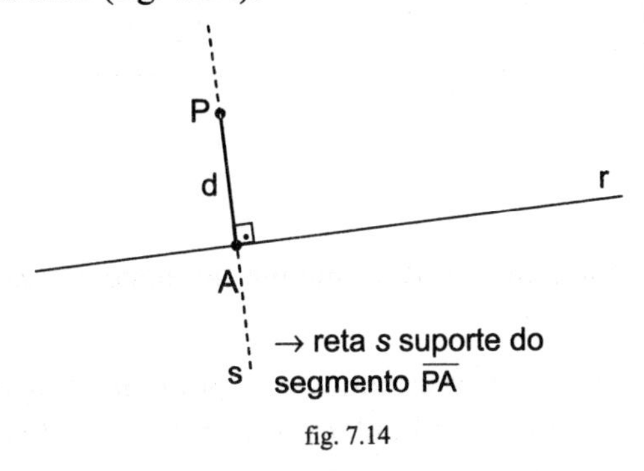


fig. 7.14

Na figura 7.14 temos que a *distância d* do ponto P a reta r pode ser indicada por d(P, r) e é igual a distância do ponto P ao ponto A, indicada por d(P, A), assim:

$$d = d_{(P,r)} = d_{(P,A)}$$

Sabendo que a distância de P à r é igual à distância de P até A, podemos obter a distância d utilizando a fórmula: $d_{(P,A)} = \sqrt{(x_P - x_A)^2 - (y_P - y_A)^2}$ , mas para isso teremos que determinar as coordenadas dos pontos A e P (fig. 7.15).

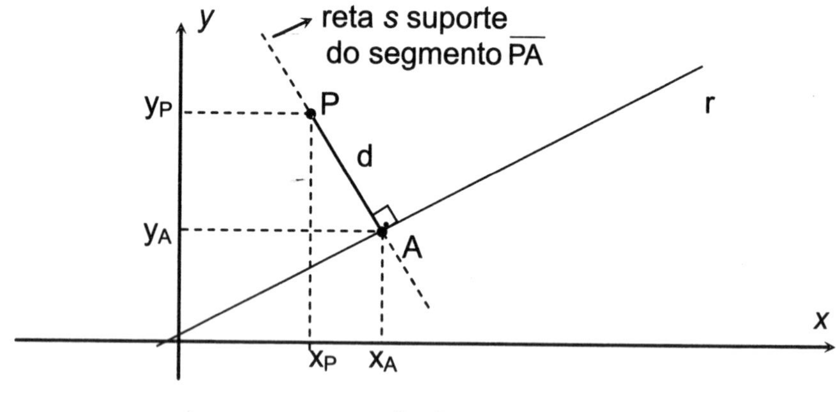


fig. 7.15

Na figura 7.15 tomamos arbitrariamente no plano cartesiano uma reta r e um ponto $P \notin r$.

Nas figuras 7.14 e 7.15 mostramos que podemos traçar uma reta s que passa pelo ponto P e é perpendicular à reta r. Esta análise geométrica nos permite colocar os seguintes passos para o cálculo da distância do ponto P ao ponto A:

1º passo: determinar a equação da reta s, sabendo que ela passa pelo ponto P e é perpendicular à reta r.

2º passo: resolver o sistema linear formado pelas equações das retas r e s, determinando assim as coordenadas do ponto A.

3º passo: conhecendo as coordenadas do ponto P e do ponto A podemos calcular a distância entre eles usando a fórmula deduzida em 5.3.2:

$$d_{(P,A)} = \sqrt{(x_P - x_A)^2 - (y_P - y_A)^2}$$

Vejamos a aplicação destes procedimentos no exemplo a seguir.

Exemplo:

Calcular a distância do ponto P(2, 5) à reta r de equação $-x + 2y - 2 = 0$ (fig. 7.16).

$r: -x + 2y - 2 = 0$

| $x$ | $y$ |
|---|---|
| 0 | 1 |
| 2 | 2 |

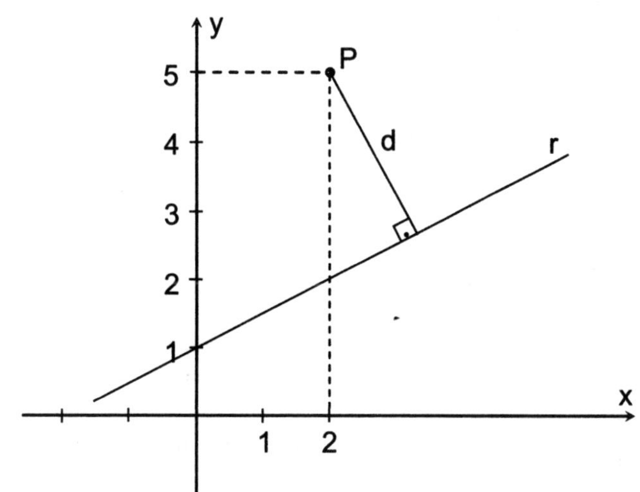


fig. 7.16

1º passo:

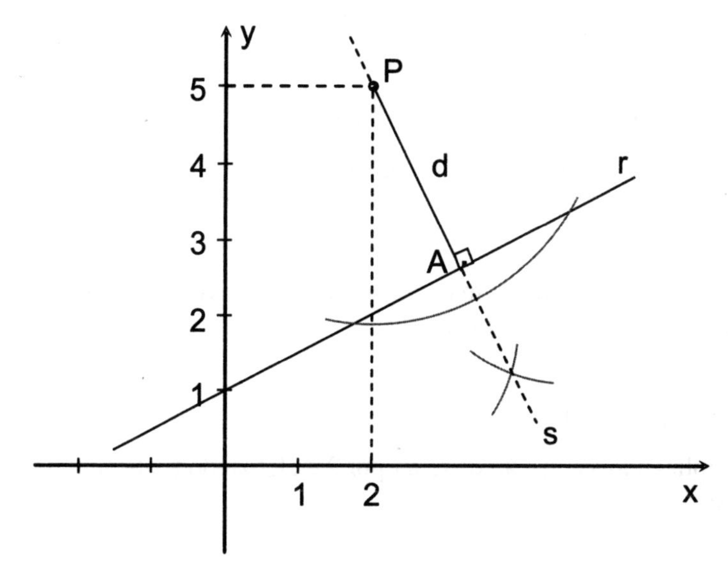


fig. 7.17

Usando o compasso, na figura 7.17, traçamos uma reta *s* que passa pelo ponto P e é perpendicular à reta *r*. Na intersecção das retas *r* e *s* temos o ponto **A**. Para determinarmos as coordenadas de **A** temos que primeiramente determinar a equação da reta s.

Como s é perpendicular à *r*, seu coeficiente angular $m_s$, será –2, pois $m_r = 1/2$.

$$r: -x + 2y - 2 = 0 \Rightarrow y = \frac{x+2}{2} \therefore m_r = \frac{1}{2} \text{ e } \therefore m_s = -2$$

Usando a equação da reta na forma *ponto declividade*, determinaremos a equação de s.

$y - y_0 = m(x - x_0) \rightarrow (1)$ (equação na forma ponto-declividade)

Como $P \in s$ temos $y_0 = 5$ e $x_0 = 2$, substituindo em (1):

$$y - 5 = m_s(x - 2) \rightarrow (2)$$

Substituindo em (2) $m_s$ por –2, teremos:

$$y - 5 = -2(x - 2) \Rightarrow y - 5 = -2x + 4$$

$2x + y - 9 = 0$ é a *equação geral* da reta *s*.

2º passo:

Resolvendo o sistema formado pelas equações das retas r e s, determinaremos as coordenadas do ponto A.

$$r: -x + 2y - 2 = 0$$
$$s: 2x + y - 9 = 0$$

Multiplicando a equação da reta r por 2 e efetuando a adição das equações, teremos:

$$+\begin{cases} r: -2x + 4y - 4 = 0 \\ s: 2x + y - 9 = 0 \end{cases}$$

$$/ \quad 5y - 13 = 0$$

$$y = \frac{13}{5}$$

Substituindo $y = \frac{13}{5}$ na equação da reta s, teremos:

$$2x + \frac{13}{5} - 9 = 0$$

$$10x + 13 - 45 = 0$$

$$10x = 32$$

$$x = \frac{32}{10} = \frac{16}{5}$$

Assim, o ponto A terá coordenadas $\left(\frac{16}{5}, \frac{13}{5}\right)$.

3º passo:
Podemos calcular a distância de P até r, fazendo:

$$d_{(P,r)} = d_{(P,A)} = \sqrt{(x_P - x_A)^2 - (y_P - y_A)^2}$$

$$= \sqrt{\left(2 - \frac{16}{5}\right)^2 - \left(5 - \frac{13}{5}\right)^2}$$

$$= \sqrt{\left(\frac{6}{5}\right)^2 - \left(\frac{9}{5}\right)^2}$$

$$= \sqrt{\frac{180}{25}} = \frac{\sqrt{180}}{5} = \frac{6\sqrt{5}}{5}$$

Essa resolução nos permite calcular a distância do ponto P à reta *r*, aplicando muitos dos conceitos vistos até aqui, mas poderíamos fazer a seguinte pergunta:

**"É possível calcular a distância de um ponto P ($x_p$, $y_p$) a uma reta $r: ax + by + c = 0$ usando apenas as suas representações analíticas?"**

Para responder a essa pergunta, analisaremos algumas propriedades geométricas da figura 7.18, onde foram tomados uma reta $r: ax + by + c = 0$ e um ponto P ($x_p$, $y_p$), não pertencente à r.

Da figura 7.18 temos:

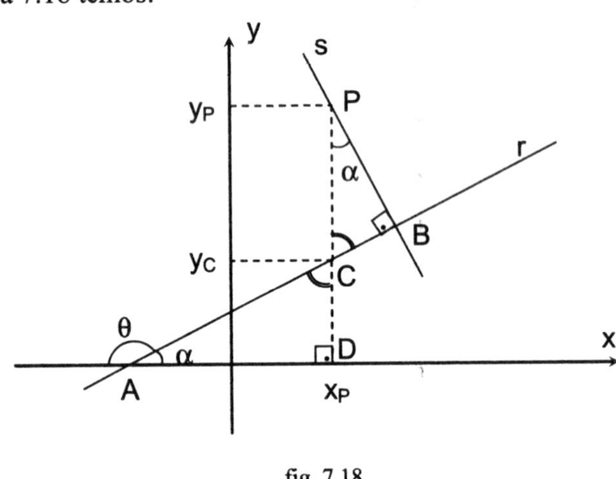


fig. 7.18

- A reta r tem inclinação α.

- Por semelhança dos triângulos CPB e ACD, temos que o ângulo de vértice no ponto P também mede α.

- Do triângulo PCB temos:

$$\cos\alpha = \frac{\text{cateto adjacente}}{\textit{hipotenusa}} = \frac{\overline{PB}}{\overline{PC}}$$

$$\cos\alpha = \frac{\overline{PB}}{\overline{PC}} \Rightarrow \overline{PB} = \overline{PC} \cdot \cos\alpha$$

Sendo a distância do ponto P à reta r é igual à distância do ponto P ao ponto B, podemos escrever:

$$\boxed{d_{(P,r)} = \overline{PC} \cdot \cos\alpha} \quad (1)$$

A fórmula (1) não resolve o problema inicial, pois não conhecemos as coordenadas do ponto C e nem o ângulo α. A seguir vamos fazer investigações geométricas que nos permitirão calcular a medida do segmento $\overline{PC}$ e do "cos(α)", em função das coordenadas do ponto P e da equação da reta r.

**1) Cálculo de $\overline{PC}$**

Tomemos o ponto $C(x_p, y_C) \in r$. Substituindo suas coordenadas na equação da reta r, teremos:

$$r: ax + by + c = 0$$

$$ax_p + by_C + c = 0$$

isolando $y_C$ teremos: $y_C = \dfrac{-ax_p - c}{b}$.

Temos ainda que $\overline{PC}$ é um segmento paralelo ao eixo y e, portanto, seu comprimento pode ser dado por:

$\overline{PC} = |y_p - y_C|$, como $y_C = \dfrac{-ax_P - c}{b}$, teremos:

$$\overline{PC} = \left| y_p - \frac{(-ax_p - c)}{b} \right|$$

$$\overline{PC} = \left| y_p + \frac{ax_p + c}{b} \right| \text{ ou ainda:}$$

$$\overline{PC} = \left| \frac{b \cdot y_p + ax_p + c}{b} \right|$$

$$\boxed{\overline{PC} = \frac{|by_p + ax_p + c|}{|b|}} \quad (2)$$

**2) Cálculo de cos(α):**

Temos que $\cos^2 \alpha = \dfrac{1}{1 + tg^2\alpha}$ (identidade trigonométrica)

Obs.: Se desenvolvermos a expressão: $\dfrac{1}{1 + tg^2\alpha}$, chegaremos a $\cos^2 \alpha$, observe:

$$\boxed{\frac{1}{1+tg^2\alpha}=\frac{1}{1+\dfrac{sen^2\alpha}{\cos^2\alpha}}=\frac{1}{\dfrac{\cos^2\alpha+sen^2\alpha}{\cos^2\alpha}}=\frac{1}{\dfrac{1}{\cos^2\alpha}}=1\cdot\frac{\cos^2\alpha}{1}=\cos^2\alpha}$$

Por outro lado, escrevendo a equação da reta r na forma reduzida teremos:

$$r: ax+by+c=0$$

$$y=\frac{-ax-c}{b}$$

Sabemos que o coeficiente de x na equação reduzida é o coeficiente angular da reta r, logo $m_r=-\frac{a}{b}$.

Temos ainda por definição que $m_r=tg\alpha$, logo $tg\alpha=-\frac{a}{b}$.

Substituindo $tg\alpha=-\frac{a}{b}$ na identidade $\cos^2\alpha=\frac{1}{1+tg^2\alpha}$, teremos:

$$cos^2\alpha=\frac{1}{1+\left(-\dfrac{a}{b}\right)^2}=\frac{1}{1+\dfrac{a^2}{b^2}}=\frac{1}{b^2+\dfrac{a^2}{b^2}}=\frac{b^2}{b^2+a^2}$$

logo $\cos\alpha=\sqrt{\dfrac{b^2}{b^2+a^2}}$

$$\cos\alpha=\frac{b}{\sqrt{b^2+a^2}} \qquad (3)$$

Substituindo (3) e (2) em (1), teremos:

$$(1) \quad d_{(P,r)}=\overline{PC}\cdot\cos\alpha$$

$$d_{(P,r)}=\frac{|ax_p+by_p+c|}{\not b}\cdot\frac{\not b}{\sqrt{b^2+a^2}}$$

$$\boxed{d_{(P,r)}=\frac{|ax_p+by_p+c|}{\sqrt{b^2+a^2}}} \qquad (4)$$

A fórmula (4) nos permite calcular a distância do ponto P à reta r, conhecendo apenas as coordenadas $x_p$ e $y_p$ do ponto P e a equação $ax + by + c = 0$ da reta *r*.

Retomando o nosso exemplo numérico, onde tínhamos o ponto P(2, 5) e a reta r: –x +2y –2 = 0. Agora podemos aplicar a fórmula (4) para determinar a distância entre o ponto P e a reta *r*, como segue:

$$d_{(P,r)} = \frac{|ax_p + by_p + c|}{\sqrt{b^2 + a^2}} = \frac{|-1 \cdot 2 + 2 \cdot 5 - 2|}{\sqrt{2^2 + (-1)^2}} = \frac{|6|}{\sqrt{5}} \quad ou \quad \frac{6\sqrt{5}}{5}$$

onde:

$$\begin{cases} a = -1 \quad e \quad x_p = 2 \quad e \quad y_p = 5 \\ b = 2 \\ c = -2 \end{cases}$$

A dedução apresentada da fórmula (4) é um excelente exercício analítico e geométrico.

# 7.5. Mediatriz de um Segmento de Reta

A mediatriz de um segmento é uma reta. É uma reta que passa perpendicularmente pelo ponto médio de um segmento e, portanto divide-o em duas partes congruentes.

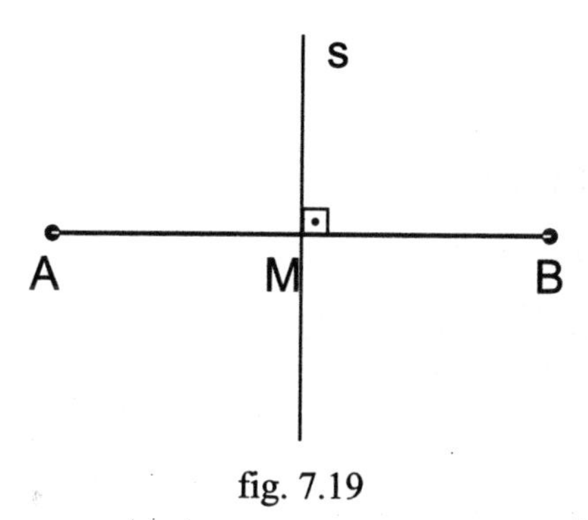


fig. 7.19

Na figura 7.19, a reta s é a mediatriz do segmento $\overline{AB}$, pois passa perpendicularmente pelo seu ponto médio M e divide-o em dois segmentos congruentes: $\overline{AM}$ e $\overline{BM}$.

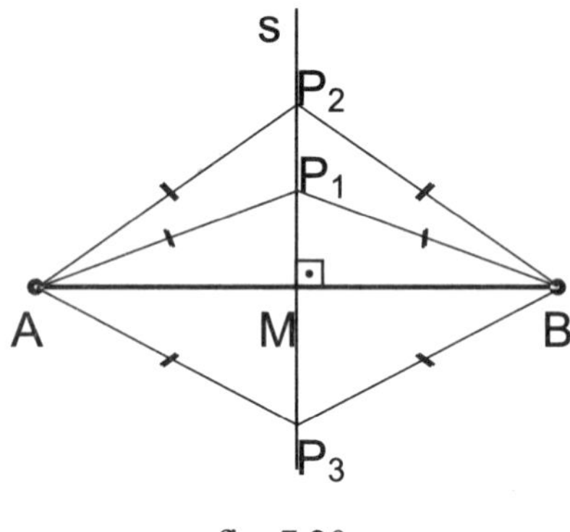


fig. 7.20

A mediatriz de um segmento $\overline{AB}$ também pode ser definida *como o lugar geométrico dos pontos do plano equidistante aos pontos A e B*. Na figura 7.20 procuramos mostrar que tomando qualquer ponto sobre a mediatriz de $\overline{AB}$, este estará à mesma distância dos pontos A e B. Por esta definição podemos escrever:

**Se P pertence a mediatriz de $\overline{AB}$, então $d_{(P,A)} = d_{(P,B)}$.**

Para exemplificar, na figura 7.20, tomamos os pontos $P_1$, $P_2$ e $P_3$ pertencentes a mediatriz. É fácil observar geométricamente que $d_{(P_1,A)} = d_{(P_1,B)}$, $d_{(P_2,A)} = d_{(P_2,B)}$ e $d_{(P_3,A)} = d_{(P_3,B)}$.

## 7.5.1. Traçado da mediatriz de um segmento com o auxílio do compasso

Dado um segmento $\overline{AB}$ qualquer, como mostra a figura 7.21, traçaremos a sua mediatriz com o auxílo do compasso.

A B

fig. 7.21

Sabendo que a mediatriz de um segmento $\overline{AB}$ é uma reta cujos pontos estão a mesma distância dos pontos A e B, faremos os seguintes procedimentos para traçá-la:

1) Com a ponta seca do compasso no ponto A (ou B), e com raio maior que a metade do segmento $\overline{AB}$ traçamos um arco abaixo e outro acima do segmento $\overline{AB}$ (fig. 7.22).

2) Conservando a abertura do compasso, com a ponta seca do compasso no ponto B (ou A) traçamos dois novos arcos que interceptam os anteriores nos pontos 1 e 2 (fig. 7.23).

3) Unindo os pontos 1 e 2, traçamos a reta s, mediatriz do segmento $\overline{AB}$. A reta s intercepta perpendicularmente o segmento $\overline{AB}$ em seu ponto médio M (fig. 7.24). Dessa forma, teremos:

$$\begin{cases} s \perp \overline{AB} \\ s \text{ é a mediatriz de } \overline{AB} \\ M \text{ é o ponto médio de } \overline{AB} \end{cases}$$

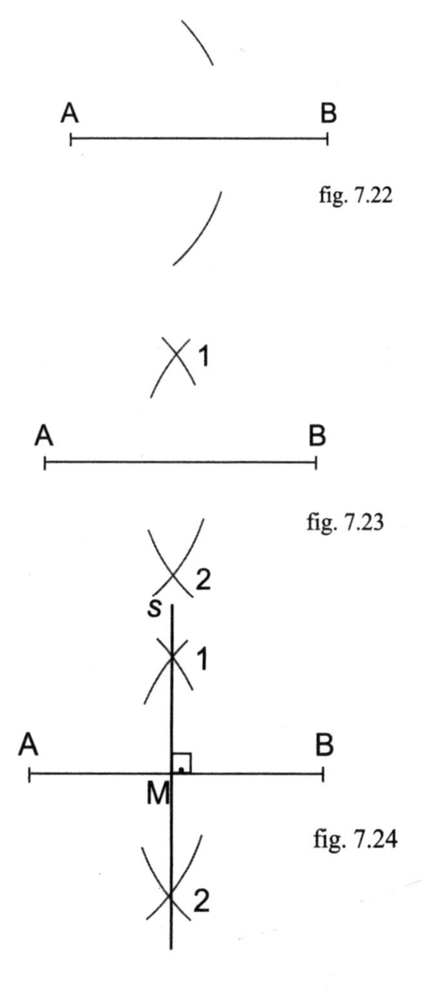

fig. 7.22

fig. 7.23

fig. 7.24

## 7.5.2. Solução de três problemas envolvendo mediatriz

Este item tem como principal objetivo mostrar a resolução de três problemas envolvendo a mediatriz de um segmento. A resolução dos problemas terá inicio pela solução gráfica auxiliada por instrumentos geométricos, pois essa norteará a solução analítica que trará a precisão das respostas.

**Problema 1:** Determinar as coordenadas do ponto P, sabendo que P pertence ao eixo x e é equidistante dos pontos A(1, 1) e B(7, 4).

## Solução gráfica:

Como P é um ponto equidistante dos pontos A e B, então P pertence à reta mediatriz do segmento $\overline{AB}$. Na figura 7.25 traçamos com o auxílio do compasso a mediatriz de $\overline{AB}$.

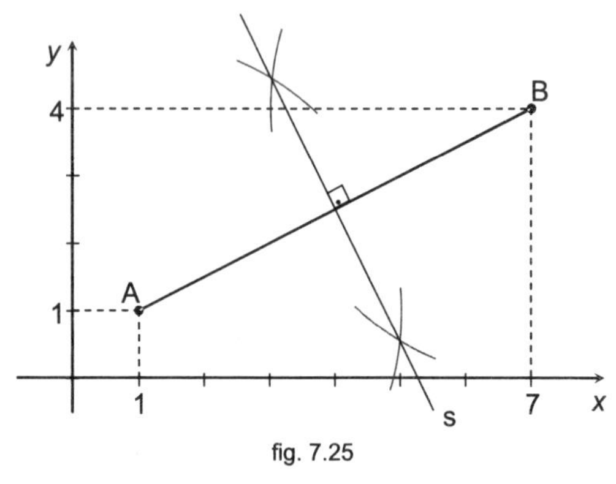


fig. 7.25

Por definição, todos os pontos que estão sobre a reta s, mediatriz de $\overline{AB}$, estão à mesma distância dos pontos A e B. No entanto, o problema também nos informa que o ponto P também pertence ao eixo x. Na figura 7.26 localizamos o ponto P na intersecção da mediatriz com o eixo x.

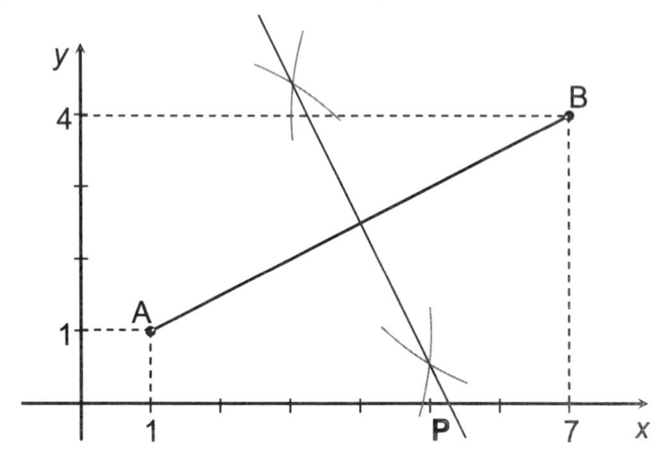


fig. 7.26

A solução geométrica mostrada na figura 7.26 nos dá a posição de P no plano cartesiano, porém não podemos determinar de forma precisa as suas coordenadas. Para isso recorreremos à solução analítica.

## Solução analítica:

Como o ponto P é equidistante dos pontos A e B, podemos escrever:

$$d_{(P,A)} = d_{(P,B)}$$

$$\sqrt{(x_P - x_A)^2 + (y_P - y_A)^2} = \sqrt{(x_P - x_B)^2 + (y_P - y_B)^2} \quad (1)$$

Por outro lado, por P pertencer ao eixo x, suas coordenadas serão (x,0). Substituindo as coordenadas de P e as coordenadas de A e B em (1), teremos:

$$\sqrt{(x-1)^2 + (0-1)^2} = \sqrt{(x-7)^2 + (0-4)^2}$$

$$\left(\sqrt{(x-1)^2 + (0-1)^2}\right)^2 = \left(\sqrt{(x-7)^2 + (0-4)^2}\right)^2$$

$$(x-1)^2 + 1 = (x-7)^2 + 16$$

$$\cancel{x^2} - 2x + 1 + 1 = \cancel{x^2} - 14x + 49 + 16$$

$$12x = 63$$

$$x = \frac{63}{12} = 5,25$$

Portanto as coordenadas do ponto P serão (63/12, 0). É possível fazer a verificação na solução gráfica fig. 7.26.

**Problema 2:** Determinar o centro da circunferência da figura 7.27.

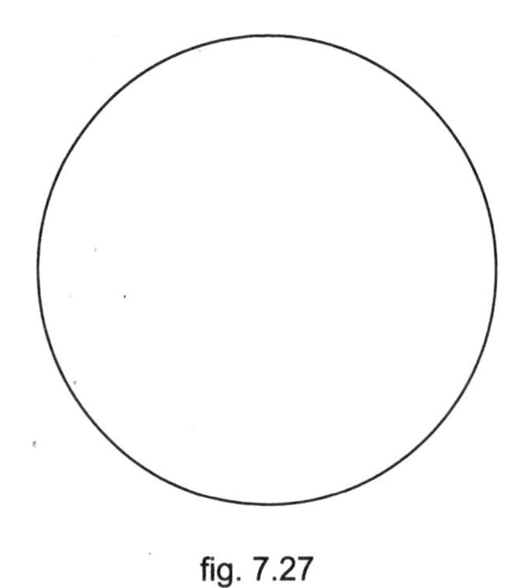

fig. 7.27

Antes de começar a resolução do problema 2 vamos trabalhar alguns *conceitos importantes*.

**Definição de circunferência:** A circunferência é o lugar geométrico do plano, cujos pontos estão a uma mesma distância r, de um ponto fixo C, chamado de centro da circunferência.

Na figura 7.28 mostramos uma circunferência traçada com o auxílio do compasso. Fixamos a ponta seca em um ponto C qualquer do plano, tomamos um raio r qualquer e traçamos uma circunferência.

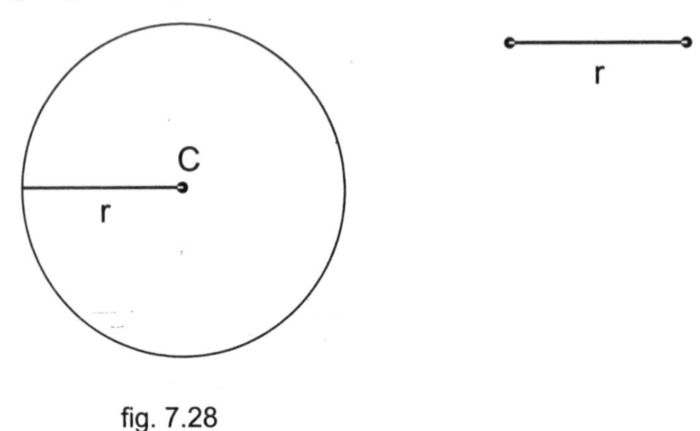


fig. 7.28

No problema 2 proposto, temos uma circunferência (fig. 7.27) e queremos descobrir onde foi colocada a ponta seca do compasso para traçá-la, ou seja, queremos a posição de seu centro.

Temos por definição e podemos constatar na figura 7.28, que todos os pontos da circunferência estão à mesma distância r de seu centro C. Na figura 7.29 tomamos três pontos quaisquer M, N e P da circunferência dada (fig. 7.27) e traçamos as mediatrizes r e s dos segmentos $\overline{MN}$ e $\overline{PM}$, respectivamente.

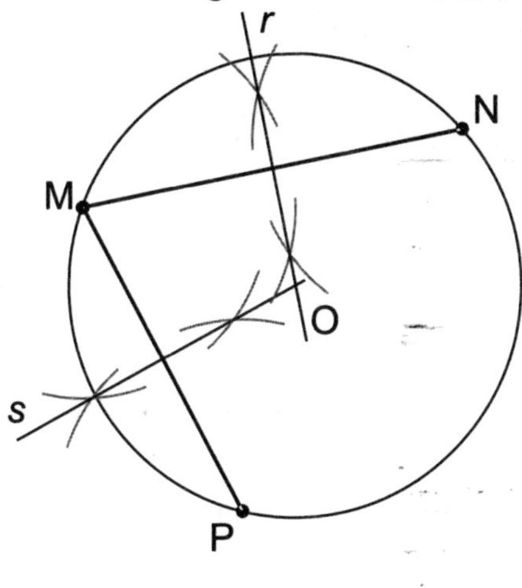


fig. 7.29

Na intersecção das retas r e s, temos o ponto O. Como r e s são mediatrizes dos segmentos $\overline{MN}$ e $\overline{PM}$, o ponto O é por definição equidistante dos pontos P, M e N e, portanto, centro da circunferência dada. Colocando o centro do compasso no ponto O e tomando como raio a medida dos segmentos: $\overline{OM}$, $\overline{ON}$ ou $\overline{OP}$, podemos verificar que o ponto O é realmente o centro da circunferência da figura 7.27.

A circunferência do problema 2 não está referenciada a um sistema plano de coordenadas e, portanto, não podemos determinar as coordenadas de seu centro.

Abordaremos a seguir um problema onde poderemos determinar as coordenadas do centro de uma circunferência, conhecendo as coordenadas de três de seus pontos.

**Problema 3:** Traçar a circunferência que passa pelos pontos A (1, 3), B(3, 1) e C(5, 5), e determinar as coordenadas de seu centro.

**Solução gráfica:**

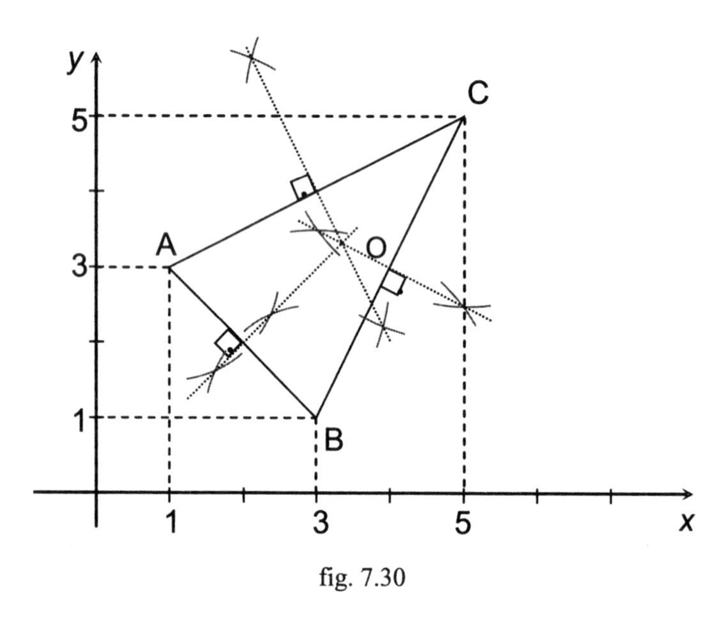


fig. 7.30

Na figura 7.30 localizamos os pontos A(1, 3), B(3, 1) e C(5, 5). Traçamos com auxílio do compasso as mediatrizes dos segmentos $\overline{AC}$, $\overline{CB}$ e $\overline{AB}$ (bastavam duas mediatrizes) e determinamos o ponto O, centro da circunferência pedida.

Na figura 7.31, traçamos a circunferência que passa pelos pontos A, B e C colocando o centro do compasso no ponto O e tomando como raio a medida dos segmentos: $\overline{AO}$, $\overline{OB}$ ou $\overline{OC}$.

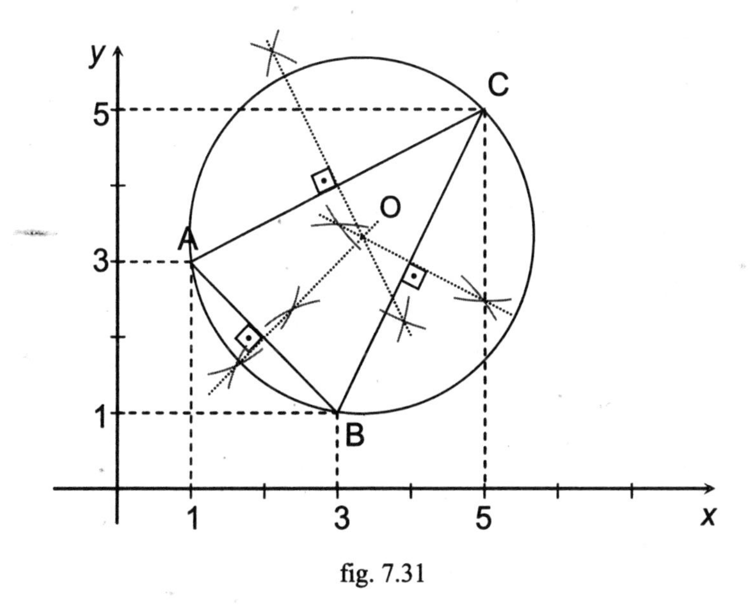


fig. 7.31

A solução gráfica apresentada na figura 7.31, nos mostra a circunferência pedida no plano cartesiano, mas ainda não temos como determinar de forma precisa as coordenadas de seu centro O, para isso necessitaremos recorrer à solução analítica.

## Solução analítica:

Observando a solução gráfica apresentada na figura 7.31, podemos concluir que obteremos as coordenadas do ponto O, centro da circunferência pedida, ao resolvermos o sistema formado pelas equações das mediatrizes dos segmentos $\overline{AC}$ e $\overline{AB}$, ou dos segmentos $\overline{AC}$ e $\overline{BC}$ ou ainda dos segmentos $\overline{BA}$ e $\overline{BC}$.

Como vimos precisamos das equações de apenas duas mediatrizes. Optaremos por fazer as equações das mediatrizes dos segmentos $\overline{AB}$ e $\overline{AC}$.

**1) Equação da mediatriz de $\overline{AB}$**

Observando a figura 7.31 e por definição sabemos que a mediatriz de $\overline{AB}$ passa pelo ponto médio de $\overline{AB}$ e é perpendicular a reta suporte de $\overline{AB}$.

**1.1) Determinação do ponto médio de $\overline{AB}$:**

O ponto médio de $\overline{AB}$ será indicado por: $M_1\left(x_{M_1}, y_{M_1}\right)$

$$x_{M_1} = \frac{x_A + x_B}{2} \qquad y_{M_1} = \frac{y_A + y_B}{2}$$

$$x_{M_1} = \frac{1+3}{2} = \frac{4}{2} = 2 \qquad y_{M_1} = \frac{3+1}{2} = \frac{4}{2} = 2 \qquad \therefore M_1(2,2)$$

**1.2) Cálculo do coeficiente angular da mediatriz de $\overline{AB}$:**

A mediatriz é perpendicular à reta suporte do segmento $\overline{AB}$ e, portanto seu coeficiente angular indicado por $m_1$ será dado por: $m_1 = -\dfrac{1}{m_{\overline{AB}}}$, onde $m_{\overline{AB}}$ é o coeficiente angular da reta suporte do segmento $\overline{AB}$.

Para calcular $m_{\overline{AB}}$ faremos:

$m_{\overline{AB}} = \dfrac{y_A - y_B}{x_A - x_B} = \dfrac{3-1}{1-3} = \dfrac{2}{-2} = -1$ Como $m_{\overline{AB}} = -1$ podemos escrever $m_1 = 1$.

Podemos agora montar a equação da reta r, mediatriz do segmento $\overline{AB}$ usando a equação de uma reta na forma ponto-declividade:

$y - y_0 = m\left(x - x_0\right)$ (equação da reta na forma ponto-declividade)

$$y - y_{M_1} = m_1\left(x - x_{M_1}\right)$$

$$y - 2 = 1\cdot(x-2)$$

$$y - 2 = x - 2$$

$\left.\begin{array}{c}\underline{y - x = 0}\\ ou\\ \underline{y = x}\end{array}\right\}$ Equações da reta r mediatriz de $\overline{AB}$

**2) Equação da mediatriz do segmento $\overline{AC}$**

De forma análoga determinaremos a mediatriz do segmento $\overline{AC}$, que chamaremos de reta s.

**2.1) Determinação do ponto médio de $\overline{AC}$.**

O ponto médio de $\overline{AB}$ será indicado por: $M_2\left(x_{M_2}, y_{M_2}\right)$

$$x_{M_2} = \frac{x_A + x_C}{2} \qquad y_{M_2} = \frac{y_A + y_C}{2}$$

$$x_{M_2} = \frac{1+5}{2} = \frac{6}{2} = 3 \quad y_{M_2} = \frac{3+5}{2} = \frac{8}{2} = 4 \qquad \therefore M_2(3,4)$$

**2.2) Determinação do coeficiente angular da mediatriz de $\overline{AC}$**

Indicaremos o coeficiente angular da mediatriz de $\overline{AC}$ por $m_2$ e esse será dado da seguinte forma:

$m_{\overline{AC}} = \dfrac{y_A - y_C}{x_A - x_C} = \dfrac{3-5}{1-5} = \dfrac{-2}{-4} = \dfrac{1}{2}$ Como $m_{\overline{AC}} = \dfrac{1}{2}$ podemos escrever

$m_2 = -2$

Novamente recorreremos a equação de uma reta na forma ponto-declividade para determinar a equação da reta s, mediatriz do segmento $\overline{AC}$.

$y - y_0 = m\left(x - x_0\right)$ (equação na forma ponto-declividade)

$y - y_{M_2} = m_2\left(x - x_{M_2}\right)$

$y - 4 = -2\left(x - 3\right)$

$y - 4 = -2x + 6$

$\boxed{y + 2x - 10 = 0}$ → é a equação da reta s mediatriz do segmento $\overline{AC}$

**3) Determinação do centro da circunferência**

Agora que temos as equações das retas r e s , mediatrizes dos segmentos $\overline{AC}$ e $\overline{AB}$, podemos determinar o centro O da circunferência que passa pelos pontos A(1, 3), B(3, 1) e C(5, 5), pois como vimos este será dado pela intersecção das mediatrizes.

Resolvendo o sistema abaixo formado pelas equações das retas r e s, mediatrizes dos segmentos $\overline{AB}$ e $\overline{AC}$ respectivamente, obteremos as coordenadas do ponto O.

$$\begin{array}{l} r: y - x = 0 \\ s: y + 2x - 10 = 0 \end{array} \Rightarrow \begin{cases} y - x = 0 \\ y + 2x = 10 \end{cases}$$

Resolvendo o sistema acima encontraremos $x = \dfrac{10}{3}$ e $y = \dfrac{10}{3}$ e, portanto, teremos $O\left(\dfrac{10}{3}, \dfrac{10}{3}\right)$.

**Obs:** A solução analítica é trabalhosa, mas muito útil para fixar os diversos conceitos envolvidos em sua resolução. A circunferência traçada na figura 7.31 do problema 3, é chamada de *circunferência circunscrita* ao triângulo ABC.

# Importante:

- Procuramos mostrar detalhadamente a resolução dos 3 problemas para enfatizar a importância de iniciar a resolução pela solução gráfica e a partir desta, encontrar caminhos para a solução analítica.

- A solução gráfica permite abrir espaço para o uso dos instrumentos geométricos e para a visualização de vários conceitos e propriedades abordados até este capítulo.

- A solução analítica é extremamente importante, pois além de trazer precisão para a solução gráfica, possibilita a resolução de problemas de difícil representação gráfica.

- Sugerimos como atividade a proposição destes problemas para os estudantes assim como a demonstração de todas as fórmulas vistas até este capítulo.

# Capítulo 8

# Triângulos

Existem muitos problemas de geometria analítica envolvendo triângulos. A resolução destes problemas apresenta um grande campo de aplicações de todo o estudo geométrico e analítico feito até agora. Iniciaremos nosso estudo de triângulos retomando alguns conceitos básicos.

## 8.1. Definição de Triângulo

Um *triângulo* é uma figura geométrica plana, resultante da interligação de 3 segmentos de reta. Na figura 8.1 temos o $\Delta ABC$ resultante da interligação dos segmentos $\overline{AB}$, $\overline{BC}$ e $\overline{CA}$.

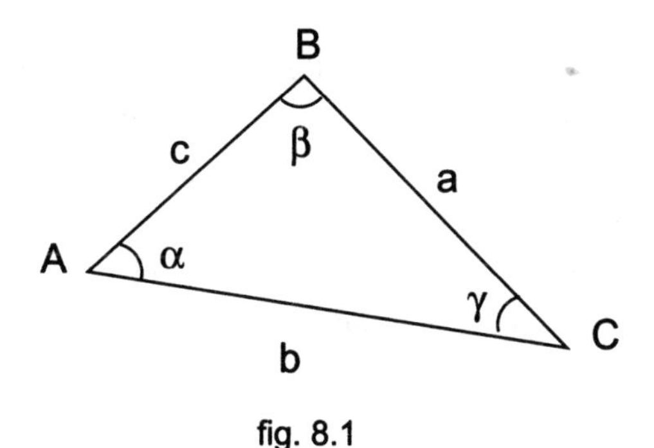


fig. 8.1

Ainda na figura 8.1, temos:

- Os pontos A, B e C são chamados de vértices do $\Delta ABC$;

- Os lados do $\Delta ABC$ podem ser identificados por: lado $\overline{AB}$ ou c, lado $\overline{CA}$ ou b e lado $\overline{BC}$ ou a.

- Os 3 ângulos internos podem ser identificados por letras gregas: α, β e γ, ou por letras latinas maiúsculas acrescidas de acento circunflexo: $\hat{A}, \hat{B}$ e $\hat{C}$.

## 8.1.1. Classificação dos triângulos

Os triângulos recebem 2 tipos de classificação: *quanto aos lados* e *quanto aos ângulos*.

a) Quando observamos apenas os **lados** de um triângulo, ele pode ser classificado em:

- **Triângulo equilátero**: é o triângulo que possui os 3 lados congruentes (*de mesma medida*).

- **Triângulo isósceles**: é o triângulo que possui os 2 lados congruentes

- **Triângulo escaleno**: é o triângulo que possui os 3 lados diferentes.

b) Quando analisamos apenas os **ângulos** internos de um triângulo, teremos:

- **Triângulo acutângulo**: é o triângulo que possui os 3 ângulos internos agudos, ou seja, com medidas menores que 90º.

- **Triângulo obtusângulo**: é o triângulo que possui 1 ângulo obtuso, ou seja, com a medida maior que 90º.

- **Triângulo retângulo**: é o triângulo que tem 1 ângulo reto, ou seja, com medida igual a 90º.

## 8.1.2. Propriedades dos triângulos

Existem duas propriedades importantes que garantem a existência de um triângulo.

> **Propriedade I:** três segmentos de reta formarão um triângulo, se e somente se, a soma das medidas dos dois lados menores for maior que a medida do terceiro lado.

Observe os exemplos a seguir:

Construir o $\Delta ABC$ dados 3 segmentos.

a) a = 4 cm

b = 7 cm

c = 5 cm

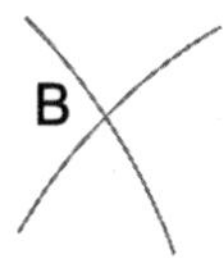


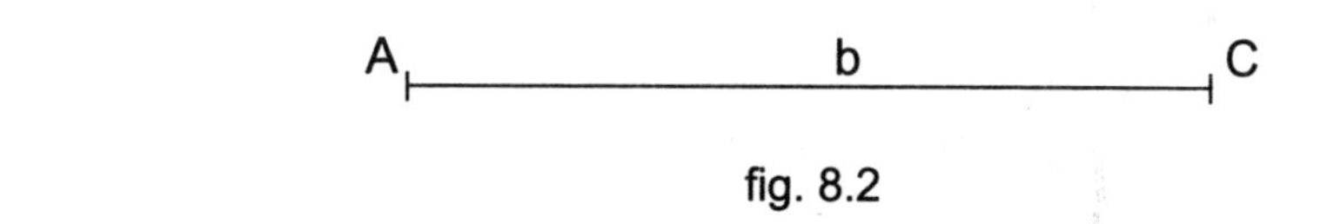


fig. 8.2

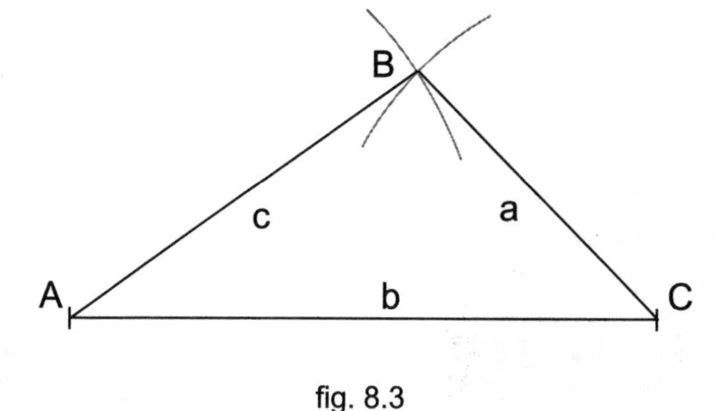


fig. 8.3

Nas figuras 8.2 e 8.3, trazemos a construção do $\Delta ABC$ a partir das medidas a, b e c dadas. Nessa solução colocamos o maior lado, de medida b, como base do triângulo, mas essa não é a única maneira de construí-lo, pois como já vimos qualquer lado do triângulo pode ser tomado como base.

Na figura 8.2, com a ponta seca do compasso no ponto A e abertura igual à medida c traçamos um arco. Depois, com o centro do compasso no ponto C e abertura "a", traçamos um 2º arco que interceptou o 1º arco no ponto B. Unindo os pontos A, B e C obtemos o $\Delta ABC$ da figura 8.3, esta construção só foi possível, pois **o maior lado "b" é menor que a soma dos lados "a" e "c", ou seja, 7 < 4 + 5.**

b) 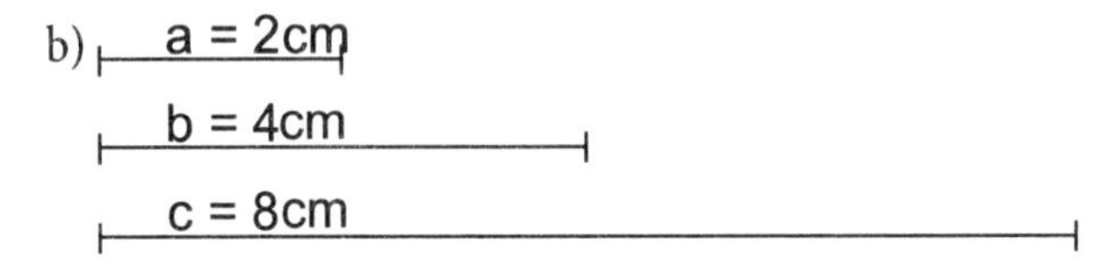


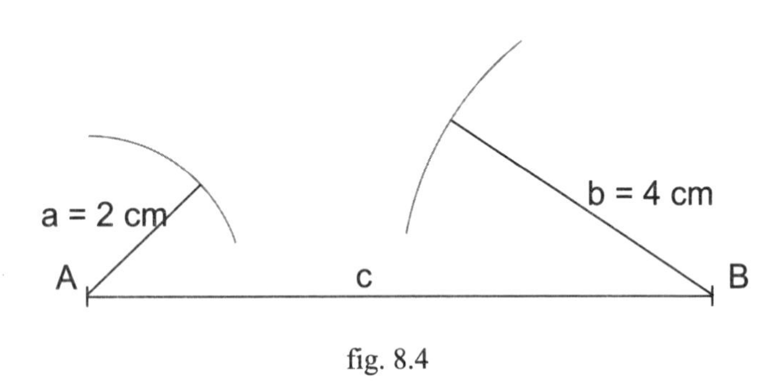


fig. 8.4

Na figura 8.4 verificamos que não é possível construir o $\Delta ABC$ com as medidas dadas. Isto ocorre, pois o maior lado c, é maior que a soma dos outros lados a e b, ou seja, 8 > 2 + 4.

**Propriedade II**: A soma dos ângulos internos de um triângulo é sempre 180º.

Analisemos os seguintes exemplos:

Construir o $\Delta ABC$ de acordo com as medidas dadas.

a) $\overline{AB} = 7cm, \hat{A} = 60^\circ$ e $\hat{B} = 45^\circ$.

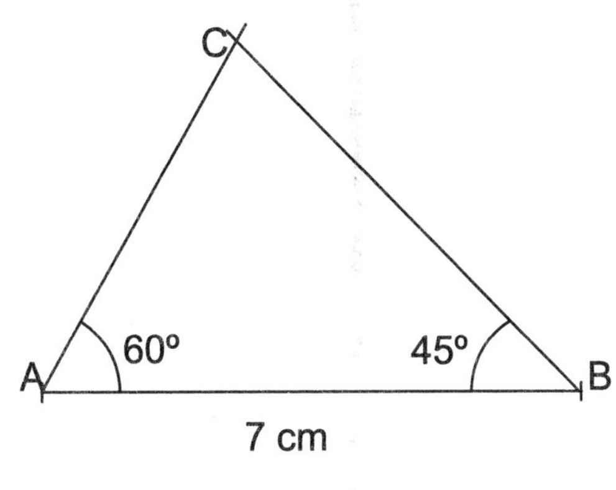


fig. 8.5

Na figura 8.5 colocamos o lado $\overline{AB}$ dado como base do triângulo e nos vértices A e B construímos, com o auxílio do transferidor, os ângulos de 60° e 45°.

Notamos que prolongando os lados dos ângulos de 60° e 45°, esses se interceptam determinando o ponto C, terceiro vértice do triângulo pedido. Essa solução só foi possível pois, somando as medidas dos ângulos $\widehat{A}$ e $\widehat{B}$, temos menos que 180°.

b) $\overline{BC} = 6cm, \hat{B} = 70^\circ$ e $\hat{C} = 130^\circ$.

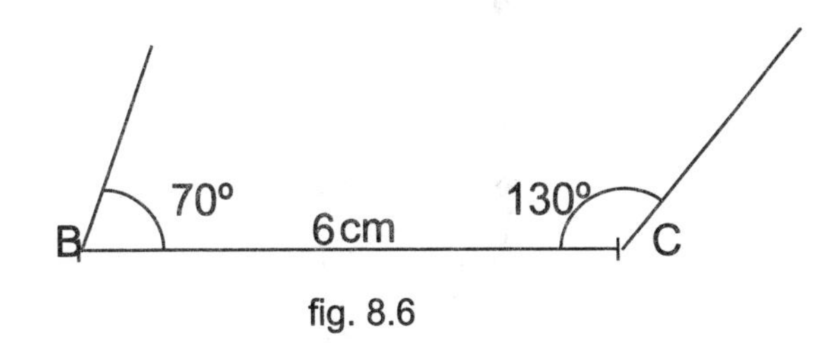


fig. 8.6

Na figura 8.6 podemos verificar que com as medidas dadas não foi possível construir o triângulo ABC. Essa solução não foi possível, pois somando os dois ângulos dados temos mais que 180º.

## 8.2. Altura de um triângulo

A ***altura*** de um triângulo é um ***segmento de reta*** que parte de um dos vértices do triângulo e intercepta perpendicularmente o lado oposto a esse vértice.

As figuras 8.7, 8.8 e 8.9 nos mostram que um mesmo triângulo pode ter 3 alturas, dependendo apenas do lado que colocamos como base.

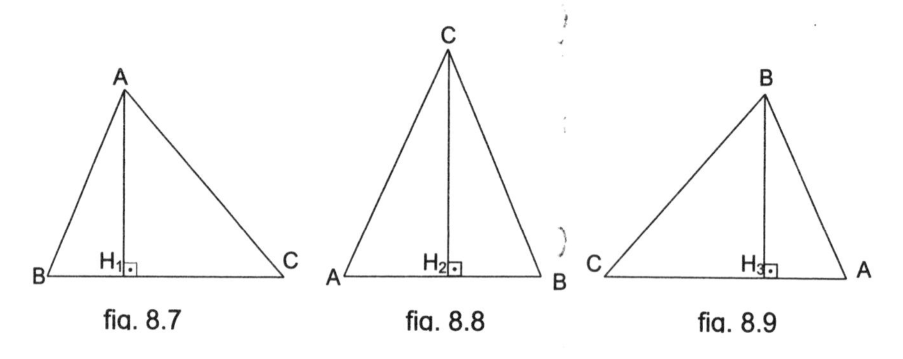


fig. 8.7 fig. 8.8 fig. 8.9

Na figura 8.7, dizemos que o segmento $\overline{AH_1}$ é a altura do $\Delta ABC$ relativa a base $\overline{BC}$. O ponto $H_1$ é chamado de *pé da altura* relativa ao lado $\overline{BC}$, ou ainda, é a *projeção ortogonal* do ponto A sobre o segmento $\overline{BC}$.

Na figura 8.8, dizemos que o segmento $\overline{CH_2}$ é a altura do $\Delta ABC$ relativa a base $\overline{AB}$. O ponto $H_2$ é chamado de *pé da altura* relativa ao lado $\overline{AB}$, ou ainda, é a *projeção ortogonal* do ponto C sobre o segmento $\overline{AB}$.

Na figura 8.9, dizemos que o segmento $\overline{BH_3}$ é a altura do $\Delta ABC$ relativa à base $\overline{AC}$. O ponto $H_3$ é chamado de *pé da altura* relativa ao lado $\overline{AC}$, ou ainda, é a *projeção ortogonal* do ponto B sobre o segmento $\overline{AC}$.

As três alturas de um triângulo ABC se encontram num único ponto H, chamado de ortocentro.

A figura 8.10 nos mostra que o *ortocentro* pode estar interno ao triângulo.

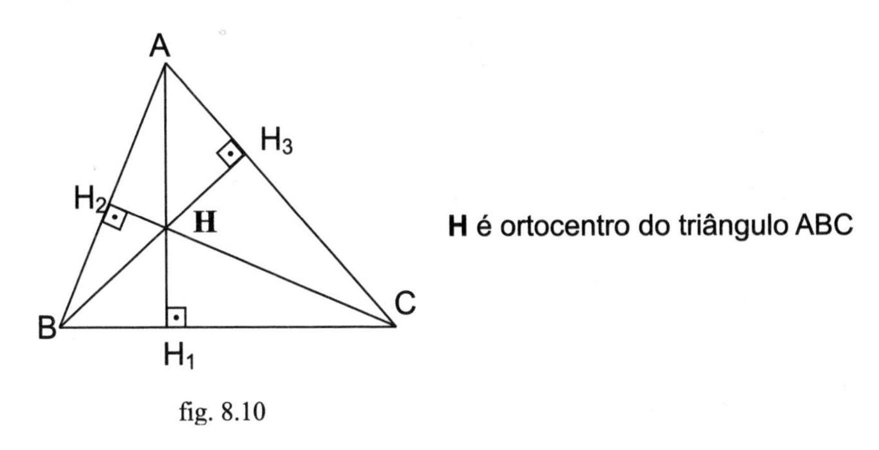


fig. 8.10

Na figura 8.11 temos um triângulo onde as alturas não se encontram num ponto interno do triângulo.

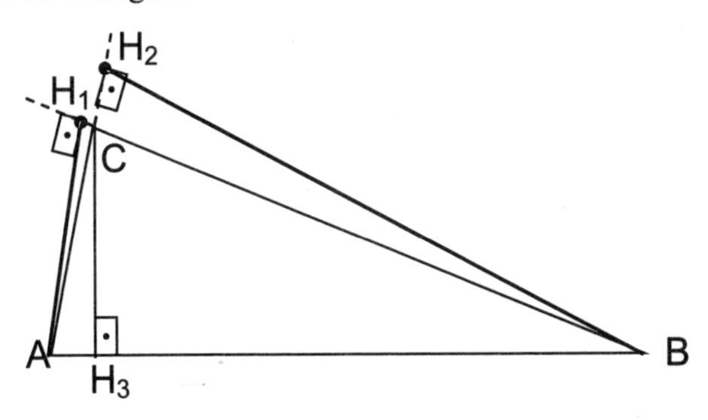


fig. 8.11

Na figura 8.12 fizemos o prolongamento das alturas do triângulo da figura 8.11 e verificamos que, o ponto H, o ortocentro do triângulo, pode também estar externo ao triângulo. Quando o ortocentro é externo ao triângulo, para obtê-lo devemos prolongar pelo menos duas de suas alturas

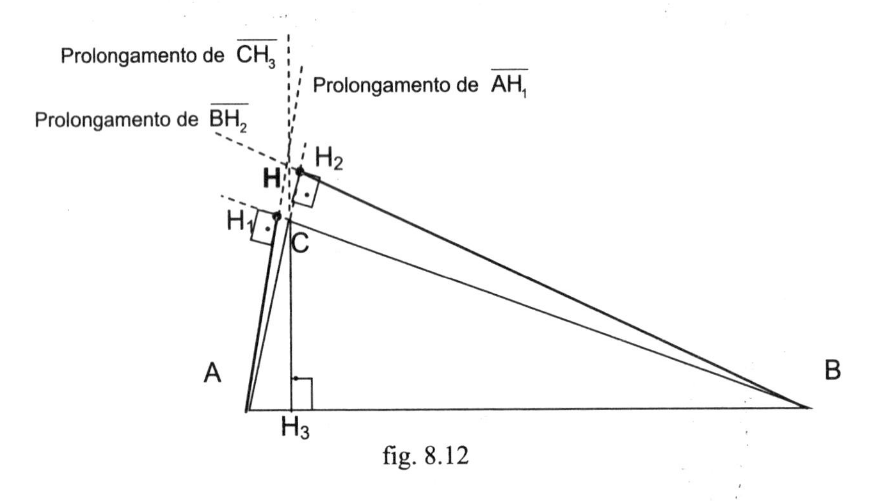


fig. 8.12

A seguir trazemos um problema resolvido.

## 8.2.1. Exemplo Resolvido

Neste item apresentamos um problema resolvido onde, além de aplicar os conceitos vistos até aqui, também detalhamos o processo de determinação do ortocentro de um triângulo.

**Problema**: Seja o triângulo ABC, onde A (1, 1), B (6, 0) e C (6, 5).

a) Determinar a equação da reta suporte da altura relativa ao lado $\overline{AB}$.

b) Determinar o comprimento da altura relativa ao lado $\overline{AB}$.

c) Determinar as coordenadas do ortocentro do triângulo ABC.

Começamos a resolução deste problema pela resolução geométrica.

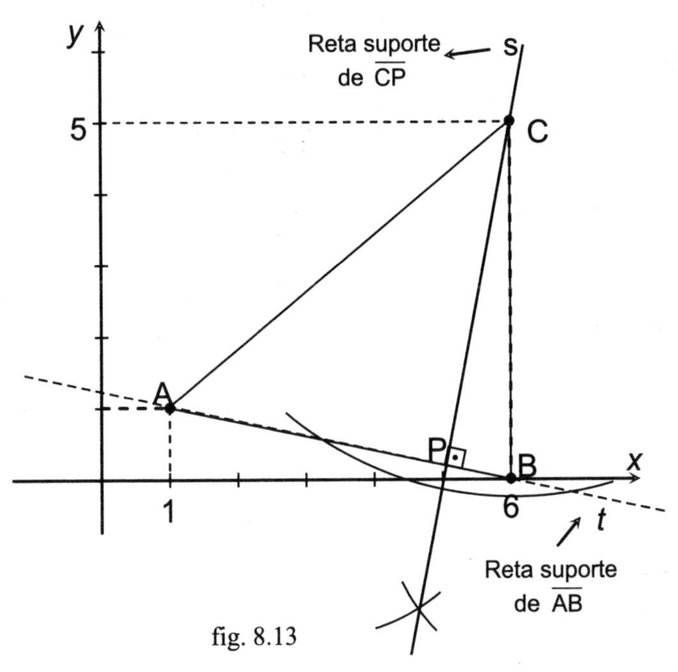


fig. 8.13

Na figura 8.13 localizamos os vértices A (1, 1), B (6, 0) e C (6, 5) no plano cartesiano e traçamos o triângulo ABC. Com o auxílio do compasso traçamos a reta s suporte da altura relativa ao lado $\overline{AB}$ determinando o ponto P. O segmento $\overline{CP}$ é a altura relativa ao lado $\overline{AB}$.

a) Determinar a equação da reta suporte da altura relativa ao lado $\overline{AB}$.

**Resolução**:

O item a do nosso problema pede a equação da reta s suporte da altura relativa ao lado $\overline{AB}$

Vimos que para determinar a equação de uma reta temos dois caminhos:

- Se conhecermos *2 pontos da reta*, usamos a condição de colinearidade de 3 pontos ou a *equação da reta na forma determinante*.

- Se conhecermos apenas *um ponto da reta e a sua inclinação*, podemos usar a *equação da reta na forma ponto-declividade*: $y - y_0 = m(x - x_0)$ onde **m** é o coeficiente angular da reta e $x_0$ e $y_0$ são as coordenadas de um de seus pontos.

No problema proposto, a reta s, passa pelo ponto C (6, 5) interceptando perpendicularmente o segmento $\overline{AB}$ no ponto P (figura 8.13), o que nos garante que o seu coeficiente angular $m_s$ será inverso e oposto ao coeficiente angular da reta t, suporte do segmento $\overline{AB}$, que chamaremos de $m_t$.

## Cálculo de $m_t$:

Como a reta t passa pelos pontos A (1, 1) e B (6, 0), seu coeficiente angular $m_t$ pode ser calculado por:

$$m_t = \frac{y_B - y_A}{x_B - x_A} = \frac{0-1}{6-1} = -\frac{1}{5}$$

Como a reta s é perpendicular à reta t, teremos:

$$m_s = \frac{-1}{m_t} = \frac{-1}{-1/5} = 5$$

Teremos agora que a reta s passa pelo ponto C (6, 5) e tem coeficiente angular $m_s = 5$, portanto sua equação será:

$$y - y_0 = m(x - x_0)$$
$$y - 5 = 5(x - 6)$$
$$y - 5 = 5x - 30$$

$\boxed{y - 5x + 25 = 0}$ equação da reta $s$, reta suporte da altura relativa ao lado $\overline{AB}$

b) Determinar o comprimento da altura relativa ao lado $\overline{AB}$

Resolução:

No item b do problema proposto, temos que determinar o comprimento da altura $\overline{CP}$ relativa ao lado $\overline{AB}$ (fig. 8.13).

Novamente pela figura 8.13, verificamos que podemos determinar o comprimento do segmento $\overline{CP}$, calculando a distância do ponto C à reta t ( reta suporte do segmento $\overline{AB}$), pela fórmula $d_{(C,P)} = \frac{|ax_0 + by_0 + c|}{\sqrt{a^2 + b^2}}$. Mas para isto temos que obter a equação da reta t.

Como conhecemos os pontos A(1, 1) e B(6, 0) da reta t , podemos obter a sua equação usando a equação de uma reta na forma determinante ou a condição de colinearidade de três pontos:

$$\begin{vmatrix} x & y & 1 \\ x_1 & y_1 & 1 \\ x_2 & y_2 & 1 \end{vmatrix} = 0$$

Substituindo as coordenadas dos pontos A(1, 1) e B(6, 0) e desenvolvendo a equação na forma determinante, teremos:

$$\begin{vmatrix} x & y & 1 \\ 1 & 1 & 1 \\ 6 & 0 & 1 \end{vmatrix} = 0 \rightarrow x + 6y - 0 - 6 - y - 0x = 0$$
$$\rightarrow \boxed{x + 5y - 6 = 0} \text{ equação da reta } t.$$

**Cálculo da medida da altura** $\overline{CP}$ **:**

Como conhecemos a equação da reta t, podemos calcular a altura $\overline{CP}$, usando a fórmula (4) da distância entre ponto e reta: $d_{(P,r)} = \dfrac{|ax_P + by_P + c|}{\sqrt{a^2 + b^2}}$, obtida no capítulo 7 (pág.96).

Assim teremos:

$$\text{comprimento da altura } \overline{CP} = d_{(C,P)} = d_{(C,t)} = \frac{|1 \cdot 6 + 5 \cdot 5 - 6|}{\left|\sqrt{1^2 + 5^2}\right|} = \frac{25}{\sqrt{26}} = \frac{25\sqrt{26}}{26} \cong 4{,}90$$

Coordenadas do ponto C

Coeficientes da reta $t$

$d_{(C,P)}$: Distância do ponto C ao ponto P

$d_{(C,t)}$: Distância do ponto C à reta t

**c) Determinar as coordenadas do ortocentro do triângulo ABC.**

Resolução:

No item c de problema proposto temos que determinar as coordenadas do ortocentro do triângulo ABC. Por definição, temos que o ortocentro de um triângulo é o ponto de intersecção de suas alturas

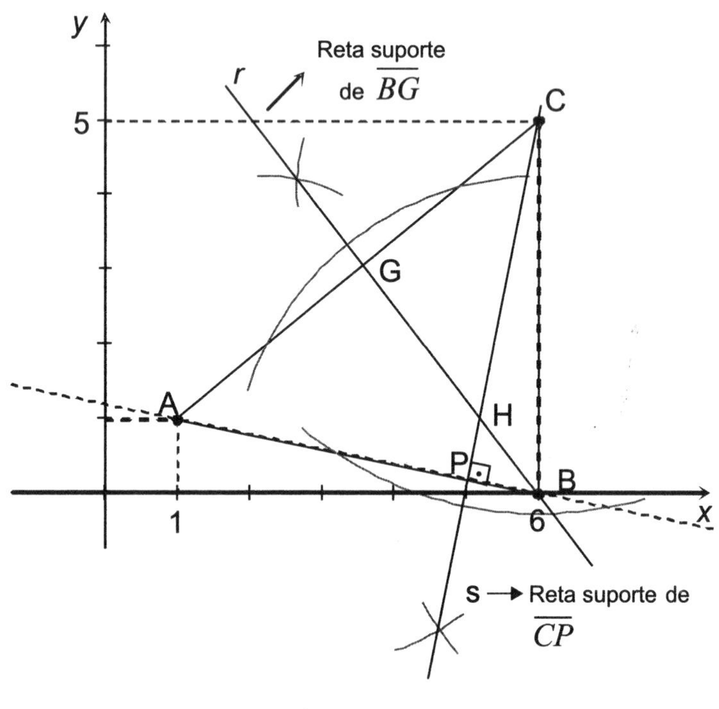


fig. 8.14

Na figura 8.14 traçamos com o auxílio do compasso as alturas $\overline{CP}$ e $\overline{BG}$ do $\Delta ABC$, que se interceptaram no ponto H. O ponto H é o ortocentro do $\Delta ABC$.

Observando a figura 8.14, temos que, para determinar as coordenadas do ponto H, basta resolver o sistema linear formado pelas equações das retas r e s, retas suportes das alturas $\overline{BG}$ e $\overline{CP}$ respectivamente.

A equação da reta s já foi determinada, precisamos determinar a equação da reta r.

Pela definição de altura e pela análise da figura 8.14, temos que a reta r intercepta perpendicularmente o segmento $\overline{AC}$, e portanto $m_r = \frac{-1}{m_{\overline{AC}}}$, onde mr é o coeficiente angular da reta r e $m_{\overline{AC}}$ é o coeficiente angular da reta suporte do segmento $\overline{AC}$.

**Cálculo de $m_r$:**

$$m_{(A,C)} = \frac{y_C - y_A}{x_C - x_A} = \frac{5-1}{6-1} = \frac{4}{5} \text{ e portanto } m_r = \frac{-1}{m_{(A,C)}} = \frac{-1}{4/5} = -\frac{5}{4}$$

Como a reta r passa pelo ponto B(6, 0) e tem coeficiente angular $m_r = -\frac{5}{4}$ podemos determinar a sua equação, usando a equação da reta na forma *ponto-declividade*:

$$y - y_0 = m \cdot (x - x_0)$$

$$y - 0 = -\frac{5}{4} \cdot (x - 6)$$

$$4y = -5x + 30$$

$$\boxed{4y + 5x - 30 = 0} \rightarrow \text{equação da reta } r$$

## Cálculo das coordenadas do ponto H:

As coordenadas do ponto H, como já foi colocado, serão obtidas pela resolução do sistema linear formado pelas equações das retas $r: 4y + 5x - 30 = 0$ e $s: y - 5x + 25 = 0$.

$$\begin{cases} y - 5x + 25 = 0 \\ 4y + 5x - 30 = 0 \end{cases} \Rightarrow \begin{cases} -5x + y = -25 \\ +5x + 4y = 30 \end{cases}$$

$$/ \quad 5y = 5$$

$$y = 1$$

Substituindo y = 1 na equação da reta $s: y - 5x + 25 = 0$ teremos:

$$y - 5x + 25 = 0$$
$$1 - 5x + 25 = 0$$
$$-5x = -26$$
$$x = \frac{-26}{-5} = 5,2$$

Portanto o ortocentro do triângulo ABC será o ponto $H\left(\frac{26}{5}, 1\right)$.

A seguir trabalharemos com as medianas de um triângulo, pois elas também abrem um leque interessante de problemas.

## 8.3. Medianas de um Triângulo

A ***mediana*** de um triângulo é um *segmento* que tem como extremidades um dos vértices do triângulo e o ponto médio do lado oposto a este vértice.

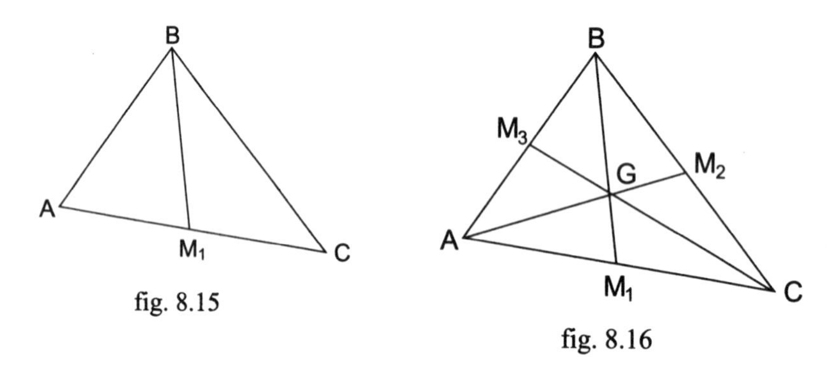


fig. 8.15

fig. 8.16

Na figura 8.15 temos no triângulo ABC a mediana $\overline{AM_1}$ que tem como extremidades o ponto A e o ponto $M_1$, ponto médio do segmento $\overline{AC}$.

Na figura 8.16 podemos notar que um triângulo tem três medianas:

$\overline{BM_1}$ ⇒ mediana relativa ao lado $\overline{AC}$

$\overline{AM_2}$ ⇒ mediana relativa ao lado $\overline{BC}$

$\overline{CM_3}$ ⇒ mediana relativa ao lado $\overline{AB}$

As *três medianas* de um triângulo *se encontram* no ponto G, chamado de **baricentro** do triângulo. O baricentro é o ponto de equilíbrio do triângulo.

Para traçarmos as medianas de um triângulo, podemos recorrer à reta mediatriz, pois essa nos ajudará a determinar os pontos médios dos lados dos triângulos com muita precisão.

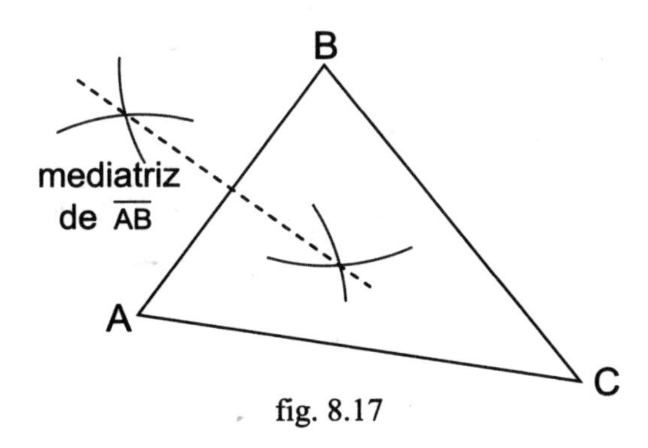


fig. 8.17

Na figura 8.17 traçamos com o auxílio do compasso a mediatriz do lado $\overline{AB}$, determinando o ponto M, ponto médio do segmento $\overline{AB}$.

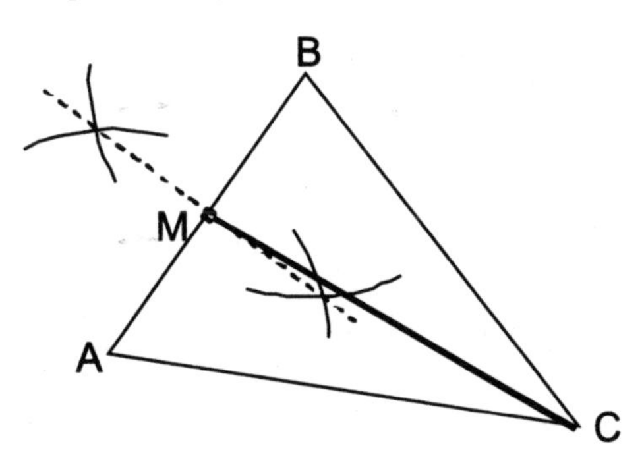


fig. 8.18

Na figura 8.18 mostramos que unindo o ponto C ao ponto M temos a mediana $\overline{CM}$ relativa ao lado $\overline{AB}$.

Na figura 8.19 traçamos com o auxílio do compasso as medianas $\overline{CM_1}$ e $\overline{AM_2}$ do triângulo ABC, determinando assim o ponto G, baricentro do triângulo.

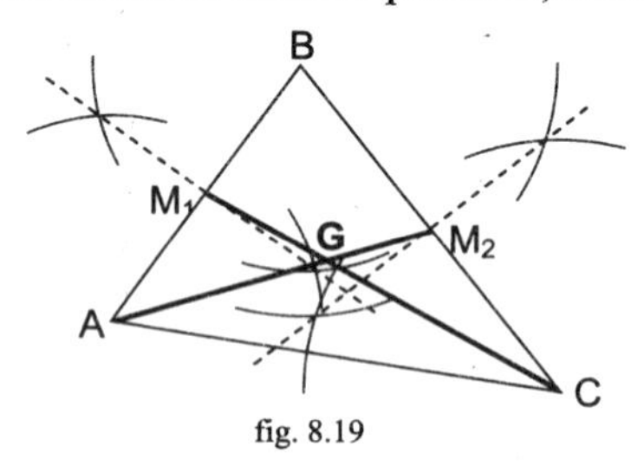

fig. 8.19

A seguir aplicaremos as definições e as construções apresentadas em um problema.

## 8.3.1. Exemplo Resolvido

Neste item apresentamos um problema resolvido onde, além de aplicar os conceitos vistos até aqui, também detalhamos o processo de determinação do baricentro de um triângulo.

**PROBLEMA**: Determinar as coordenadas do baricentro do triângulo ABC, de vértices A(1, 0), B(9, 1) e C(3, 8).

### Solução geométrica:

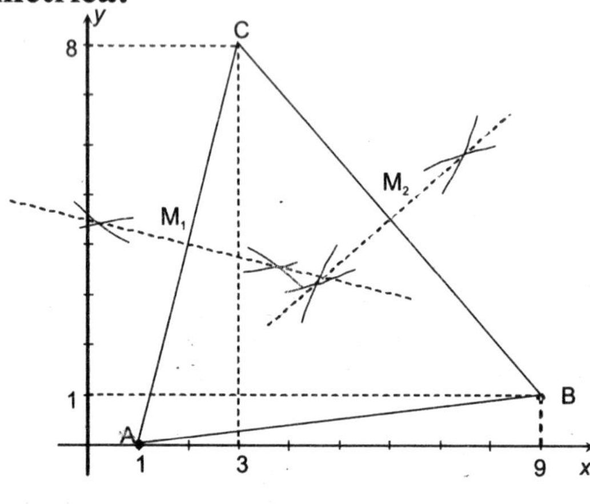

fig. 8.20

Na figura 8.20 localizamos o triângulo ABC no plano cartesiano. Com auxílio do compasso, traçamos as mediatrizes dos lados $\overline{AC}$ e $\overline{CB}$, determinando os pontos médios $M_1$ e $M_2$ respectivamente.

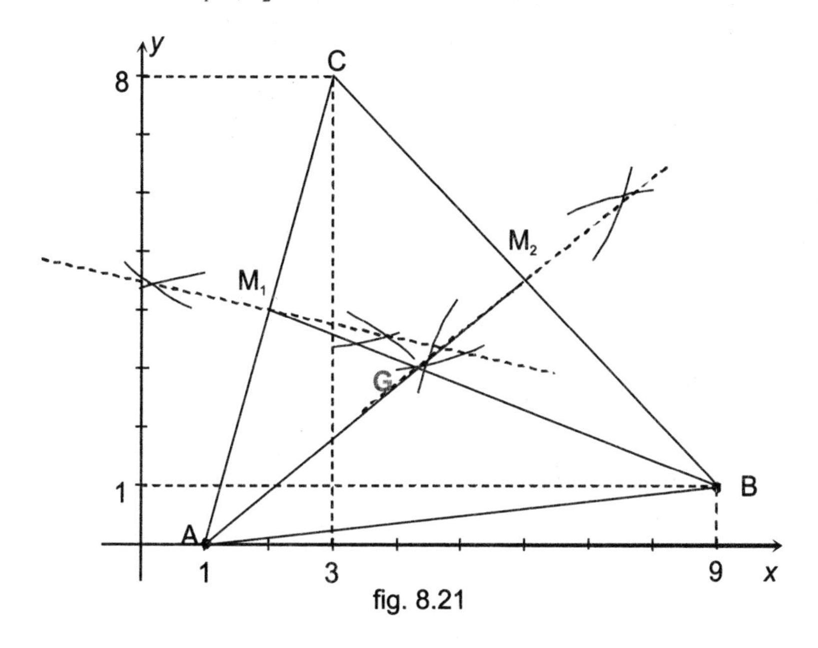


fig. 8.21

Na figura 8.21 traçamos as medianas $\overline{AM_2}$ e $\overline{BM_1}$, determinando na intersecção o ponto G, baricentro do triângulo ABC.

Já sabemos a posição do ponto G (baricentro) no plano através da solução geométrica. Porém, não temos precisão para os valores de suas coordenadas, para isso teremos que recorrer à solução analítica.

## Solução analítica:

Por definição, sabemos que o baricentro de um triângulo é o ponto de intersecção de suas medianas.

Analisando a figura 8.21, verificamos que para determinarmos com precisão as coordenadas do baricentro do triângulo dado, teremos que resolver o sistema formado pelas equações das retas suportes das medianas $\overline{AM_2}$ e $\overline{BM_1}$.

a) Determinar a equação da reta suporte da mediana $\overline{AM_2}$:

O ponto $M_2$ é o ponto médio do segmento $\overline{CB}$, portanto teremos:

$$x_{M_2} = \frac{x_C + x_B}{2} = \frac{3+9}{2} = \frac{11}{2}$$

$$y_{M_2} = \frac{y_C + y_B}{2} = \frac{8+1}{2} = \frac{9}{2} \quad \therefore \quad M_2\left(11/2, 9/2\right)$$

Agora que temos o ponto A(1, 0) e o ponto $M_2\left(11/2, 9/2\right)$ podemos determinar a equação da reta suporte da mediana $\overline{AM_2}$ usando a equação da reta na forma determinante:

$$\begin{vmatrix} x & y & 1 \\ x_A & y_A & 1 \\ x_{M_2} & y_{M_2} & 1 \end{vmatrix} = 0 \rightarrow \begin{vmatrix} x & y & 1 \\ 1 & 0 & 1 \\ 11/2 & 9/2 & 1 \end{vmatrix} = 0$$

Desenvolvendo:

$$0 + \frac{11y}{2} + \frac{9}{2} - 0 - y - \frac{9x}{2} = 0$$

$$11y + 9 - 2y - 9x = 0$$

$$9y - 9x + 9 = 0$$

Simplificando a equação teremos:

$\boxed{y - x + 1 = 0}$ equação da reta suporte da mediana $\overline{AM_2}$

b) Determinação da reta suporte da mediana $\overline{BM_1}$:

O ponto $M_1$ é ponto médio do segmento $\overline{AC}$, portanto teremos:

$$x_{M_1} = \frac{x_A + x_C}{2} = \frac{1+3}{2} = 2$$

$$y_{M_1} = \frac{y_A + y_C}{2} = \frac{0+8}{2} = 4 \qquad \therefore \qquad M_1(2,4)$$

Agora com os pontos B(9, 1) e $M_1(2, 4)$ podemos determinar a equação da reta suporte da mediana $\overline{BM_1}$ usando a equação da reta na forma determinante:

$$\begin{vmatrix} x & y & 1 \\ 9 & 1 & 1 \\ 2 & 4 & 1 \end{vmatrix} = 0 \rightarrow x + 36 + 2y - 2 - 9y - 4x = 0$$

$\boxed{-3x - 7y + 34 = 0}$ equação da reta suporte da mediana $\overline{BM_1}$

**c) Coordenadas do baricentro**

Podemos enfim determinar as coordenadas do baricentro "G" do triângulo ABC resolvendo o sistema linear formado pelas equações das retas suportes das medianas $\overline{AM_2}$ e $\overline{BM_1}$.

Equação da reta suporte de $\overline{AM_2} \Rightarrow \begin{cases} y - x + 1 = 0 \\ -7y - 3x + 34 = 0 \end{cases}$
Equação da reta suporte de $\overline{BM_1} \Rightarrow$

$$\Rightarrow \begin{cases} y - x = -1 & \cdot(7) \\ -7y - 3x = -34 \end{cases} \begin{pmatrix} \text{multiplicando} \\ \text{por 7} \end{pmatrix}$$

$$\begin{array}{rcrcr} 7y & - & 7x & = & -7 \\ -7y & - & 3x & = & -34 \\ \hline / & & -10x & = & -41 \end{array}$$

$$x = \frac{41}{10} = 4{,}1$$

Para x = 4,1 teremos:

$y - x + 1 = 0$

$y - 4{,}1 + 1 = 0$

$\boxed{y = 3{,}1}$

Assim, teremos G(4,1; 3,1) o baricentro do triângulo ABC.

## Sugestões de exercícios:

1) Construir os triângulos a partir das medidas dadas e justificar quando a construção não for possível.

a) $a = b = 5$ e $c = 7$

b) $a = 3, b = 2$ e $c = 9$

c) $\hat{A} = 80°, \hat{B} = 110°$ e $\overline{AB} = 6cm$

2) Determinar os vértices do triângulo ABC, sabendo que estes resultam das intersecções das retas r: y = 4, s: y = x e y = -x. (Fazer solução gráfica e analítica)

3) Determinar a área do triângulo do exercício 1 aplicando a fórmula: $A_{\Delta} = \dfrac{base \cdot altura}{2}$. (Fazer solução gráfica e analítica)

4) Determinar a projeção ortogonal do ponto P(1, 4) sobre a reta r: y = x – 1. (Fazer solução gráfica e analítica)

5) Determinar os vértices do triângulo MNP formado pelas retas que passam pelos vértices A(-2, 1), B(4, 7) e C(6, -3) e são paralelas aos seus lados opostos. (Fazer solução gráfica e analítica)

6) Determinar a área de um triângulo retângulo formado pelos eixos coordenados e pela reta cuja equação é x + 2y – 10 = 0.

7) O triângulo ABC tem vértices A(1, 1), B(6, 0) e C(0, 6). Determinar o valor do ângulo Â.

8) Construir um triângulo isósceles qualquer e traçar:

a) as suas mediatrizes;

b) as suas alturas;

c) as suas medianas.

# Capítulo 9

## Desenho Projetivo e Geometria Analítica

O objetivo deste capítulo será abordar como princípios do Desenho Projetivo Ortogonal podem ser trabalhados em paralelo ao ensino de Geometria Analítica no Espaço $R^3$. Para tanto, mostraremos como adaptamos fundamentos de Geometria Descritiva ao sistema tridimensional de coordenadas retangulares, focando o estudo das projeções de um ponto e de um segmento de reta nos planos coordenados XY, XZ e YZ.

Exemplificaremos a aplicação desses conhecimentos na demonstração de dois teoremas importantes do Espaço Euclidiano Tridimensional.

Pretendemos também, com esta proposta pedagógica, enfatizar que instrumentos como o compasso e o par de esquadros ainda podem ser muito úteis, enquanto ferramentas importantes que auxiliam os estudantes na representação de uma figura tridimensional em uma superfície plana, a folha de papel.

### 9.1. O sistema de coordenadas retangulares no espaço $R^3$

O sistema tridimensional de coordenadas retangulares é formado por três planos que se interceptam mutuamente perpendicularmente, determinando três retas, também mutuamente perpendiculares em um ponto O, conforme figuras 9.1 e 9.2.

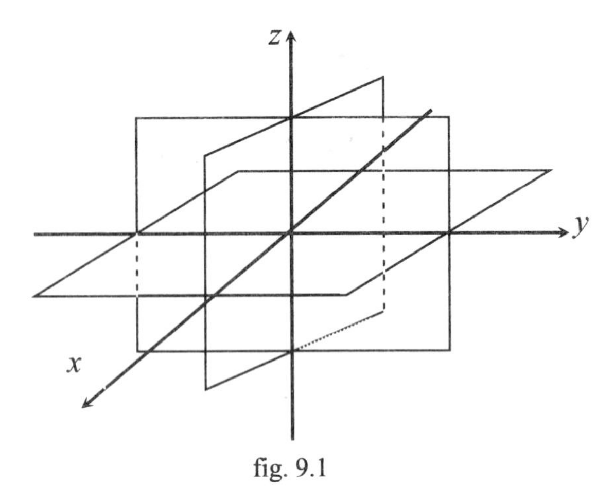


fig. 9.1

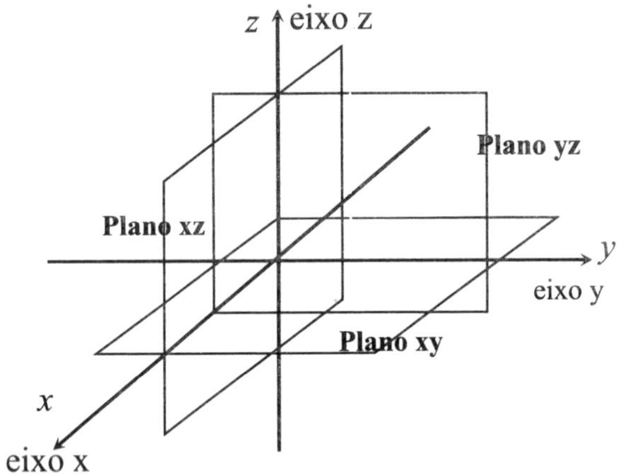

fig. 9.2

Os planos que formam o sistema tridimensional de coordenadas retangulares são chamados de planos coordenados, as retas são chamadas de eixos coordenados e o ponto O de intersecção dos três eixos é chamado de origem.

| Os eixos: | Eixo x | os Planos: | plano xy |
|---|---|---|---|
| | Eixo y | | plano xz |
| | Eixo z | | plano yz |

# 9.2. Localização de um ponto no espaço $R^3$

O sistema de coordenadas retangulares tridimensional (fig.9.1) divide o espaço em 8 *octantes*. A figura 9.3 nos mostra a representação de um ponto no *primeiro octante*. Neste sistema de coordenadas, cada ponto P do espaço $R^3$ está associado a uma terna ordenada (x, y, z) e os valores x, y e z são coordenadas do ponto **P**.

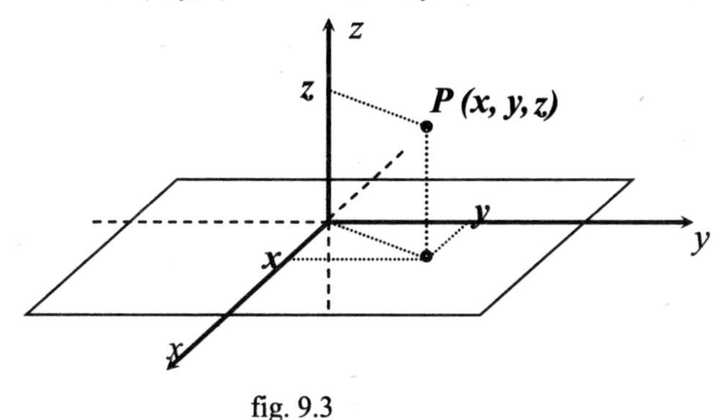


fig. 9.3

A seguir, na figura 9.4, procuramos exemplificar a localização dos pontos nos outros sete octantes:

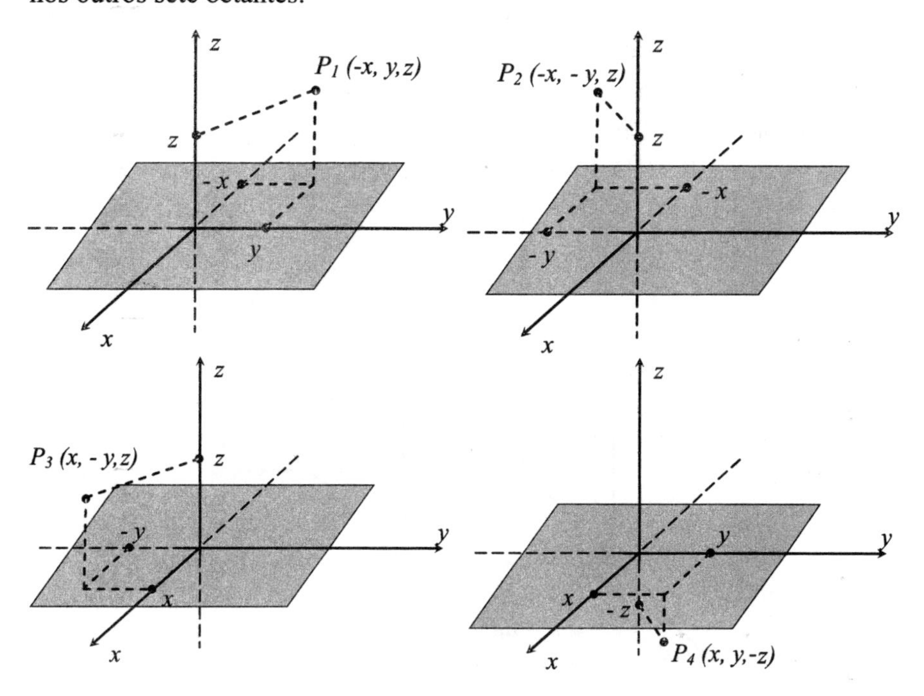

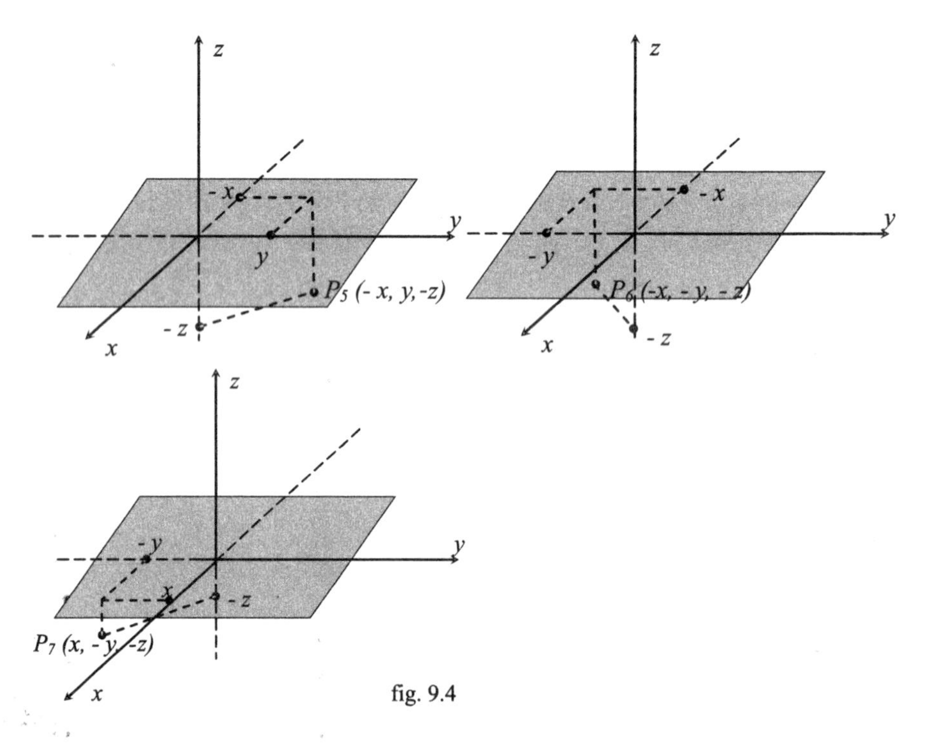


fig. 9.4

Na figura 9.5 trazemos um paralelepípedo retângulo, onde o ponto P (x, y, z) é um de seus vértices. Esta figura tem a intenção de ampliar a visão tridimensional, mostrando que o ponto P não pertence a nenhum dos planos coordenados: xy, xz e yz. Os pontos A, B, C, D, E e F também são vértices do paralelepípedo.

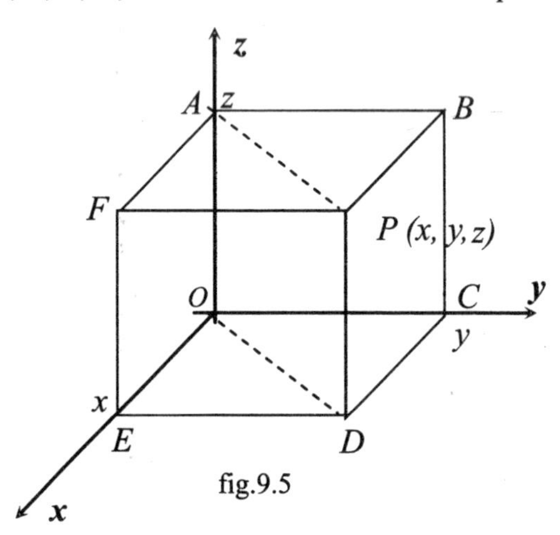


fig.9.5

Para um melhor reconhecimento do sistema de coordenadas retangulares sugerimos as atividades a seguir.

## Sugestões de Exercícios

1) Localizar os pontos dados no espaço $R^3$.

a) A(2, 1, 4)

b) B(3, 2, -2)

c) C(-2, 1, 4)

d) D(-2, 1, -3)

e) E(3, -2, 3)

f) F(2, -3, -1)

g) G(-4, -2, 2)

h) H(-3, -2, -2)

2) Determinar a posição dos pontos em $R^3$ e indicar a qual eixo ou a qual plano coordenado o ponto pertence:

a) A(0, 0, 1)

b) B(0, 2, 0)

c) C(3, 0, 0)

d) D(1, 0, 3)

e) E(2, 3, 0)

f) F(0, 2, 5)

g) G(0, -3, 0)

h) H(0, 0, -2)

3) Localizar os pontos dados e verificar a qual plano eles pertencem:

a) A(1, 0, 0), B(1, 3, 0), C(1, 3, 4) e D(1, 0, 4)

b) (0, 2, 0), Q(3, 2, 0), R(0, 2, 4) e S(3, 2, 4)

c) (0, 0, 3), F(4, 0, 3), G(4, 3, 3) e H(0, 3, 3)

4) A partir da figura abaixo, determinar as coordenadas dos pontos: A, B, C, D, E, F, G e H.

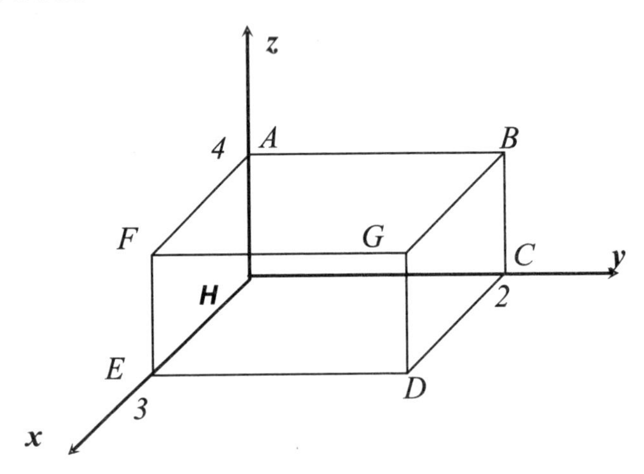


## 9.3. Projeções

De forma simplificada podemos colocar que as projeções de figuras geométricas representadas no sistema tridimensional de coordenadas retangulares são como as "sombras" da figura nos três planos coordenados.

Como todas as figuras geométricas são compostas por pontos, começaremos estudando as projeções de um ponto e em seguida partiremos para o estudo das projeções de um segmento. A experiência nos permite afirmar que instrumentos geométricos como compasso e o par de esquadros serão importantes ferramentas neste estudo.

Antes de iniciar o estudo de projeções é importante fazer um trabalho prévio de reconhecimento do espaço $R^3$ e de localização de pontos no sistema tridimensional de coordenadas retangulares, pois, como já foi colocado, muitos estudantes não trabalham estes conhecimentos no ensino médio em nosso país. A execução dos exercícios sugeridos anteriormente ajudará neste reconhecimento.

## 9.3.1. Projeções de um ponto pertencente ao espaço $R^3$ nos três planos coordenados: xy, xz e yz.

Exemplo:Seja o ponto P(2, 3, 4), fig. 9.6.

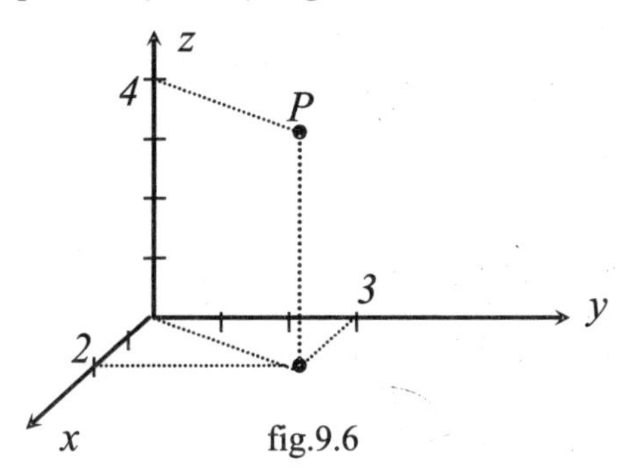

fig.9.6

A seguir mostraremos o estudo detalhado das projeções do ponto P (fig 9.6), nos três planos coordenados.

❖ Projeção no plano xy:

O ponto P'(2, 3, 0), fig. 9.7, é a projeção ortogonal de P no plano xy. Podemos dizer que P' é a sombra do ponto P no plano xy. $\overline{PP'}$ é paralelo ao eixo z.

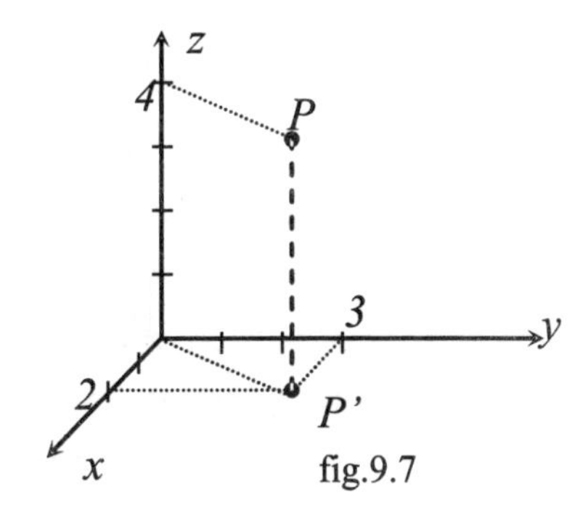

fig.9.7

❖ Projeção do plano xz:

O ponto P''(2, 0, 4), fig. 9.8, é a projeção ortogonal de P no plano xz. Podemos dizer que P'' é a sombra do ponto P no plano xz. $\overline{PP''}$ é paralelo ao eixo y.

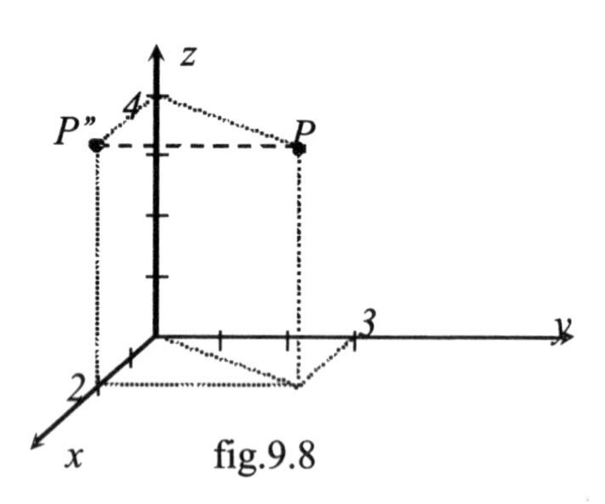

fig.9.8

❖ Projeção do plano yz:

O ponto P'''(0, 3, 4), fig. 9.9, é a projeção ortogonal de P no plano yz. Podemos dizer que P''' é a sombra do ponto P no plano yz. $\overline{PP'''}$ é paralelo ao eixo x.

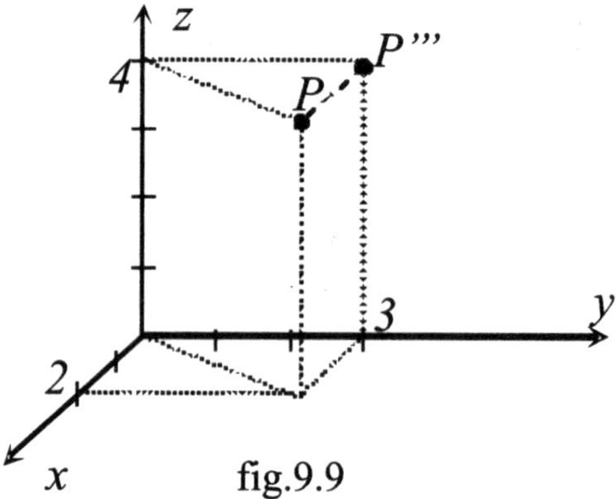

fig.9.9

Na figura 9.10 apresentamos a representação do ponto P(2,3,4) e de suas projeções nos três planos coordenados (xy, xz e yz):

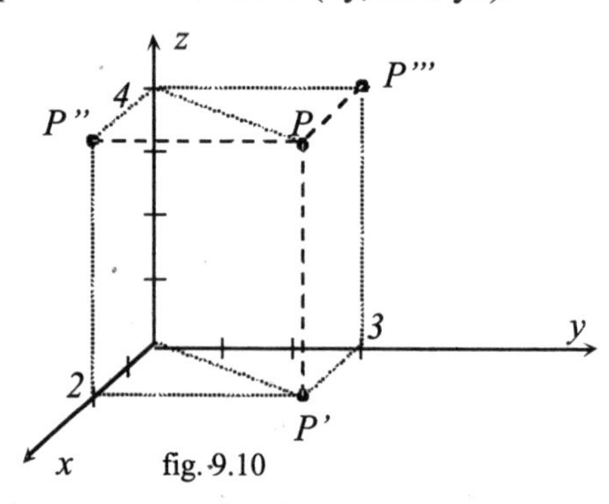

fig. 9.10

## 9.3.2. Projeções de um segmento

As projeções de um segmento $\overline{AB}$, nos três planos coordenados, podem ser obtidas através da projeção de seus pontos extremos A e B.

Tomemos como exemplo o segmento $\overline{AB}$ (fig. 9. 11), de extremos A(2, 1, 3) e B(3, 4, 5).

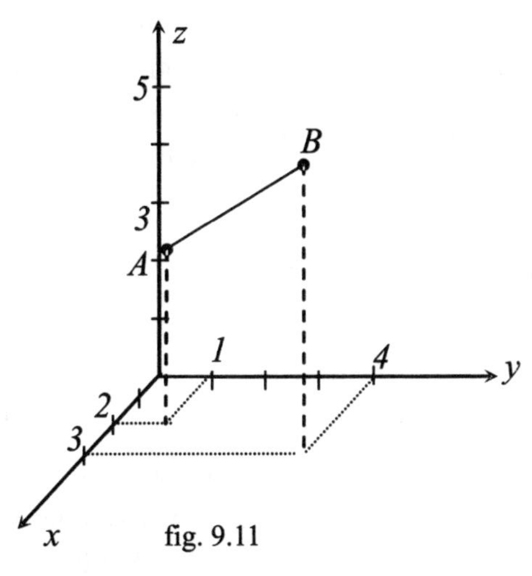


fig. 9.11

A seguir mostraremos o estudo detalhado das projeções do segmento $\overline{AB}$, nos três planos coordenados.

❖ Projeção de $\overline{AB}$ no plano xy:

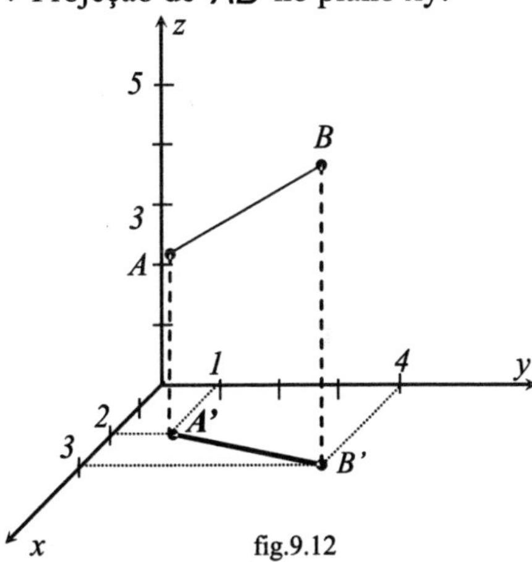


fig.9.12

O segmento $\overline{A'B'}$ é a projeção ortogonal de $\overline{AB}$ no plano xy. Coordenadas dos extremos das projeções: A'(2, 1, 0) e B'(3, 4, 0) Observe que os segmentos tracejados que unem os pontos A e A', e os pontos B e B' são paralelos ao eixo z.

❖ Projeção de $\overline{AB}$ no plano xz:

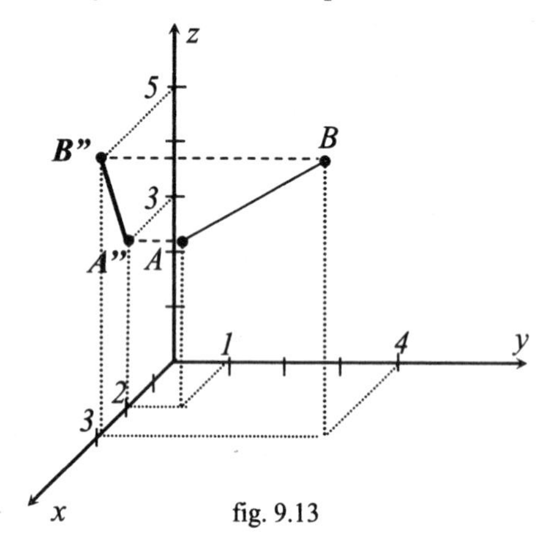


fig. 9.13

O segmento $\overline{A"B"}$ é a projeção ortogonal de $\overline{AB}$ no plano xy. Coordenadas dos extremos das projeções: A'(2, 0, 3) e B'(3, 0, 5). Observe que os segmentos tracejados que unem os pontos A e A", e os pontos B e B" são paralelos ao eixo y.

❖ Projeção de $\overline{AB}$ no plano yz:

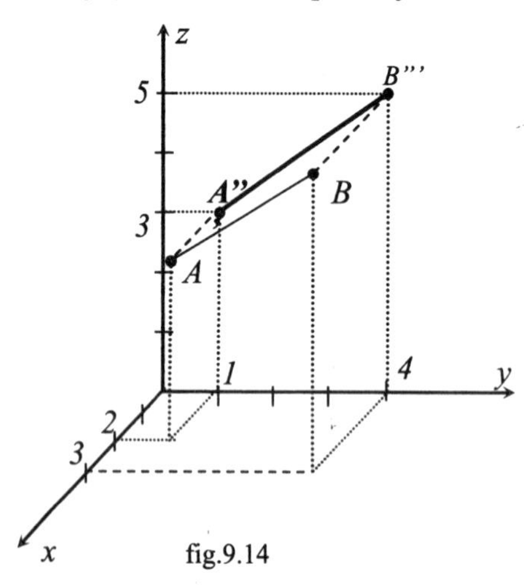


fig.9.14

O segmento $\overline{A'''B'''}$ é a projeção ortogonal de $\overline{AB}$ no plano yz. Coordenadas dos extremos das projeções: A'''(0, 1, 3) e B'''(0, 4, 5) Observe que os segmentos tracejados que unem os pontos A e A''', e os pontos B e B''' são paralelos ao eixo x.

Na figura 9. 15 trazemos a representação do segmento $\overline{AB}$ e de suas projeções nos planos coordenados: xy, xz e yz.

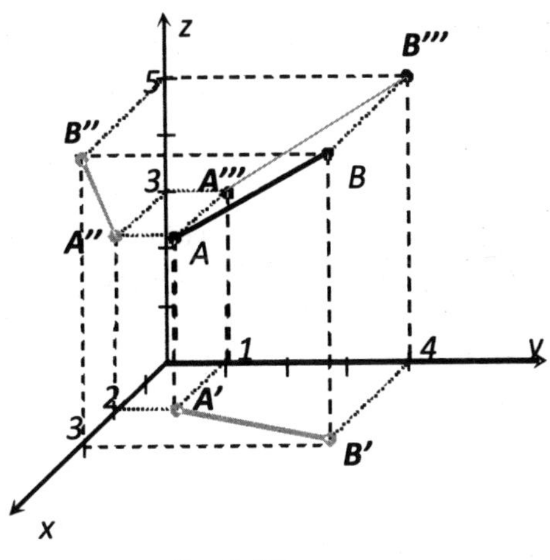


*fig. 9.15*

É importante salientar que o estudo das projeções de um ponto e de um segmento, pode ser auxiliado pelo uso do compasso para transporte medidas e pelo par de esquadros para o traçado de segmentos paralelos.

A seguir trazemos algumas sugestões de atividades.

## Sugestões de exercícios:

1) Fazer o estudo das projeções de cada um dos pontos e determinar as coordenadas das projeções:

a) P(5, 5, 3)

b) Q(0, 3, 4)

c) H(7, 0, 2)

d) J(2, 3, 0)

2) Traçar no mesmo sistema de coordenadas retangulares, os segmentos de retas que tem extremidades nos pontos dados:

a) A(1, 2, 1) e B(2, 4, 3)

b) D(1, 2, 0) e C(2, 4, 0)

c) E(0, 2, 1) e F(0, 4, 3)

d) G(1, 0, 1) e H(2, 0, 3)

3) Localizar os segmentos em $R^3$, fazer o estudo das projeções e dar as coordenadas dos extremos de cada projeção.

a) A(1, 2, 3)e B(2, 5, 6) Þ $\overline{AB}$

b) C(1, 1, 3)   e D(2, 3, 3) Þ $\overline{CD}$

4) Localizar os segmentos de reta em $R^3$ e fazer o estudo das projeções nos planos coordenados em cada um dos casos.

a) $\overline{AB}$: A(1, 4, 2) e B(0, 4, 2)

b) $\overline{CD}$: C(1, 4, 2) e D(1, 0, 4)

c) $\overline{EF}$ : E(1, 4, 0) e F(1, 4, 2)

5) Determinar a projeção do ponto $P(x_1, y_1, z_1)$ nos três planos coordenados:

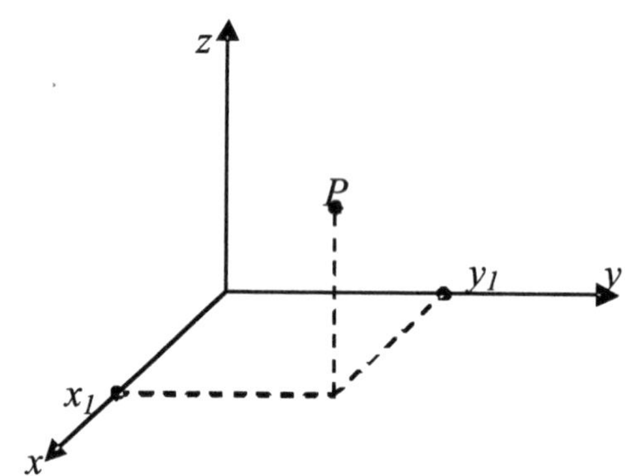

6) Em cada um dos casos, determinar as projeções do segmento $\overline{AB}$ nos três planos coordenados:

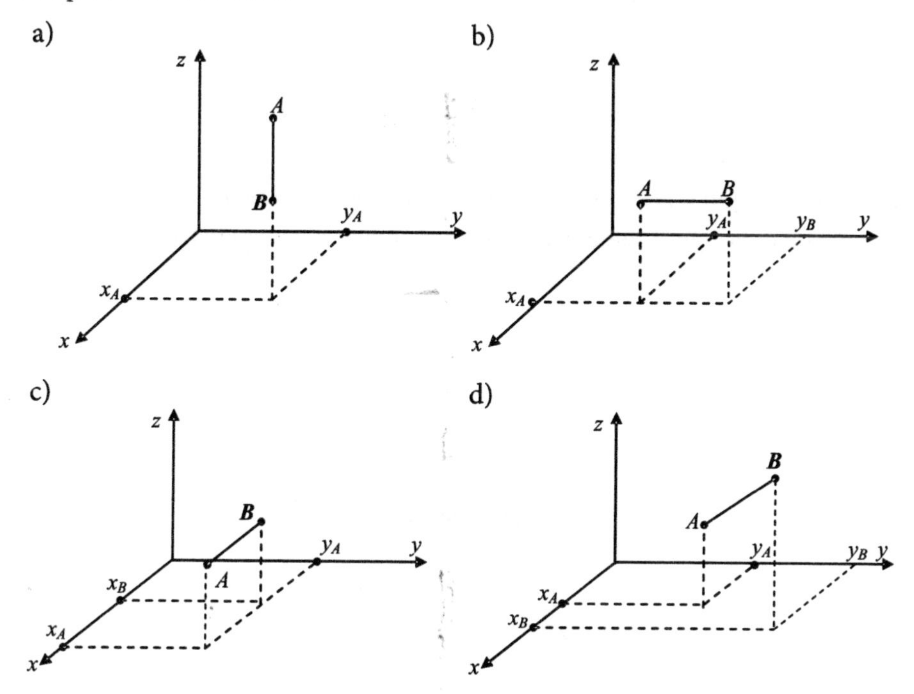


# 9.4. Teoremas

Trabalhando as noções básicas de Desenho Projetivo Ortogonal apresentadas até aqui, temos conseguido resultados positivos no desenvolvimento da habilidade de raciocínio visoespacial dos estudantes e também facilitado a compreensão e execução de demonstrações de teoremas da Geometria Analítica no Espaço $R^3$.

A seguir trazemos as demonstrações de dois teoremas realizadas a partir de deduções analíticas, obtidas pelas propriedades geométricas observadas nas representações gráficas construídas a partir do conhecimento básico de projeções ortogonais de pontos e de segmentos.

## 9.4.1. Distância entre Dois pontos no Espaço $R^3$

Teorema 1: A distância d entre os dois pontos $P_1(x_1, y_1, z_1)$ e $P_2(x_2, y_2, z_2)$ é dada pela fórmula: $d = \sqrt{(x_2 - x_1)^2 + (y_2 - y_1)^2 + (z_2 - z_1)^2}$

Nos livros didáticos, a demonstração do **teorema 1** parte do princípio que todo segmento do espaço pode ser visto como diagonal interna de um paralelepípedo retângulo. Dessa forma, a demonstração, geralmente tem o seu início a partir de uma figura semelhante a que trazemos na figura 9.16.

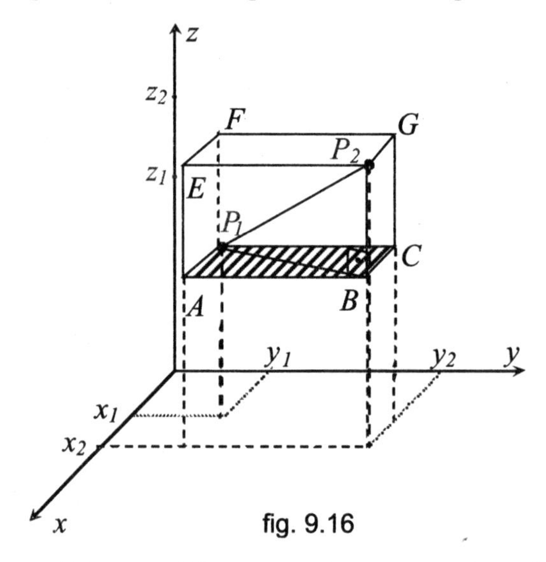


fig. 9.16

As deduções analíticas são feitas supondo-se que o leitor visualiza na figura 9.16, todas as propriedades geométricas que justificam a demonstração do teorema. Nossa experiência em sala de aula na graduação tem nos mostrado que isso, na maioria das vezes, não ocorre.

Trazemos aqui uma proposta diferenciada, no sentido de iniciarmos a demonstração do **teorema 1**, localizando inicialmente um segmento $\overline{P_1P_2}$ qualquer no espaço $R^3$, e a partir dessa localização construir um paralelepípedo retângulo, que tem tal segmento como diagonal interna.

Nessa proposta mostraremos que a construção do paralelepípedo retângulo, a partir de sua diagonal interna, será norteada pela utilização de princípios básicos de Desenho Projetivo Ortogonal.

Novamente é importante salientar que a experiência nos permite afirmar que, com essa prática, o estudante vai percebendo as propriedades geométricas da figura tridimensional que justificam a demonstração do teorema.

## Demonstração:

Na figura 9.17a, trazemos primeiramente a localização do segmento $\overline{P_1P_2}$ no sistema tridimensional de coordenadas retangulares. Na figura 9.17b, mostramos a formação do quadrilátero NMOP, que podemos assumir como projeção de uma das faces do paralelepípedo de diagonal interna $\overline{P_1P_2}$.

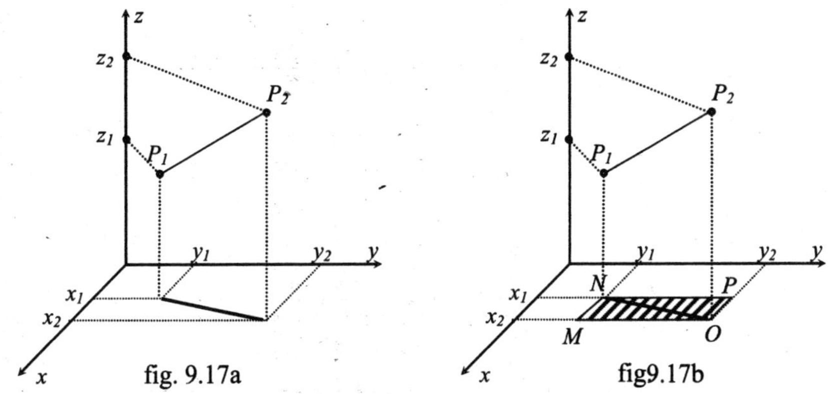


fig. 9.17a fig9.17b

Assumindo que o quadrilátero NMOP é a projeção de uma das faces do paralelepípedo, mostramos na figura 9.18 que a partir dos pontos P, O e M podemos traçar segmentos paralelos e congruentes ao segmento $\overline{NP_1}$.

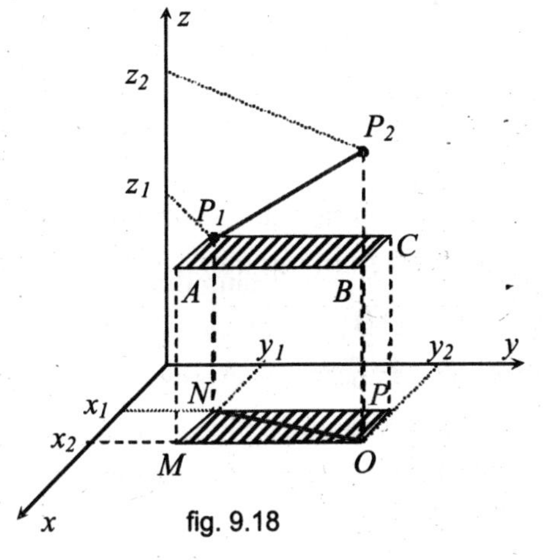


fig. 9.18

Nas extremidades desses segmentos surgem os pontos A, B e C; unindo os pontos A, B, C e $P_1$ determinamos uma das faces do paralelepípedo *de diagonal* $\overline{P_1P_2}$.

Na figura 9.19, mostramos que a partir dos pontos A, $P_1$ e C podemos traçar segmentos paralelos e congruentes ao segmento $\overline{BP_2}$, determinando os pontos E, F e G.

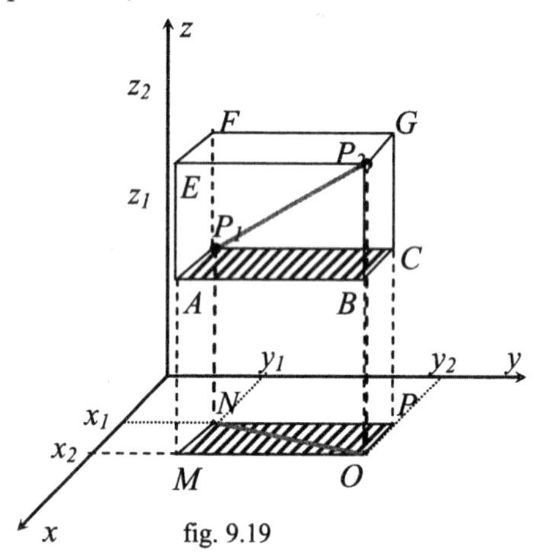


fig. 9.19

Unidos os pontos E, F, G e $P_2$, obtemos outra face do paralelepípedo, e assim, temos condições de visualizá-lo integralmente.

Na figura 9.20, podemos observar o triângulo retângulo $BP_1P_2$, que tem como hipotenusa o segmento $\overline{P_1P_2}$.

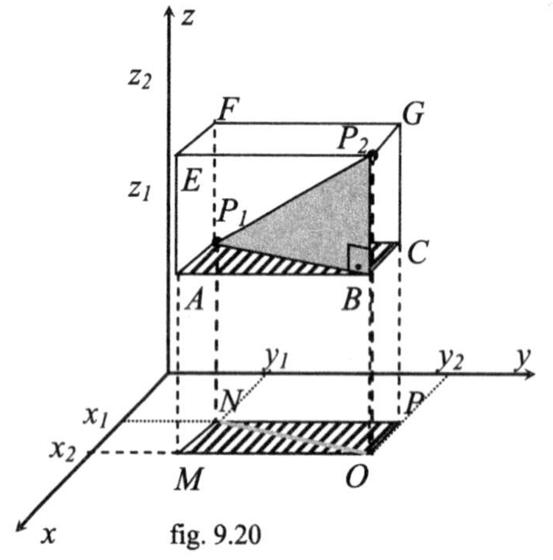


fig. 9.20

Assim, aplicando o Teorema de Pitágoras no triângulo retângulo $BP_1P_2$, teremos:

$$hip^2 = cat^2 + cat^2$$

$$\left[d_{(P_1,P_2)}\right]^2 = \left[d_{(P_1,B)}\right]^2 + \left[d_{(P_2,B)}\right]^2 \quad (1)$$

Na figura 9.20, também verificamos que o triângulo retângulo MNO tem como hipotenusa o segmento $\overline{NO}$ e que $\overline{NO} \cong \overline{P_1B}$. Aplicando novamente o teorema de Pitágoras, agora no triângulo MNO, poderemos escrever:

$$hip^2 = cat^2 + cat^2$$

$$\left[d_{(N,O)}\right]^2 = \left[d_{(P_1,B)}\right]^2 = \left[d_{(M,N)}\right]^2 + \left[d_{(M,O)}\right]^2 \qquad (2)$$

Ainda na figura 9.20 observamos que:

$$d_{(M,N)} = x_2 - x_1 \text{ e } d_{(M,O)} = y_2 - y_1 \qquad (3)$$

Substituindo (3) em (2) teremos:

$$d_{(P_1,B)}{}^2 = (x_2 - x_1)^2 + (y_2 - y_1)^2 + \left(d_{P_2,B}\right)^2 \qquad (4)$$

Na figura 9.21, temos *mostramos o segmento* $\overline{HI}$, projeção ortogonal do segmento $\overline{P_2B}$ no plano yz.

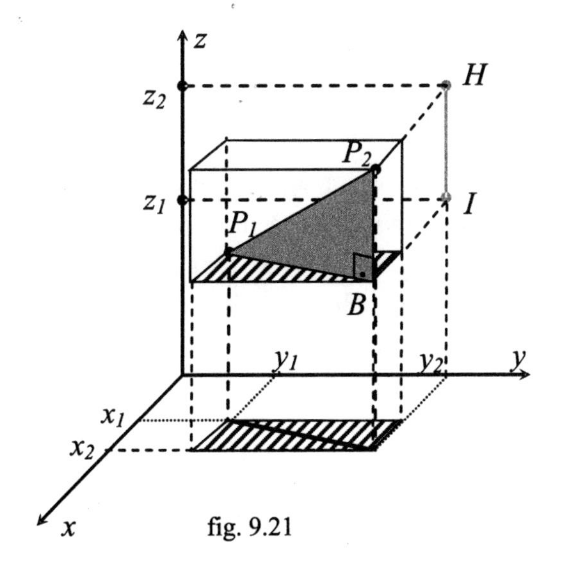


fig. 9.21

Da projeção de $\overline{HI}$ no eixo z, mostrada na figura 9.21, verificamos que:

$$d_{(P_2,B)} = d_{(H,I)} = z_2 - z_1 \qquad (5)$$

Assim, substituindo (5) em (4) podemos, finalmente, concluir a demonstração escrevendo:

$$d_{(P_1,P_2)}{}^2 = (x_2 - x_1)^2 + (y_2 - y_1)^2 + (z_2 - z_1)^2$$

$$d_{(P_1,P_2)} = \sqrt{(x_2 - x_1)^2 + (y_2 - y_1)^2 + (z_1 - z_2)^2}$$

## 9.4.2. Coordenadas de um ponto que divide um segmento numa razão dada

**Teorema 2:** Se $P_1(x_1,\ y_1,\ z_1)$ e $P_2(x_2,\ y_2,\ z_2)$ são extremos dados de um segmento retilíneo orientado $\overline{P_1P_2}$ então as coordenadas (x, y, z) de um ponto P que divide esse segmento na razão $r = \overline{P_1P} : \overline{PP_2}$ são:

$$x = \frac{x_1 + rx_2}{1+r}, \qquad y = \frac{y_1 + ry_2}{1+r} \text{ e } z = \frac{z_1 + rz_2}{1+r} \qquad (r \neq -1)$$

**Demonstração:**

Na figura 9.22, trazemos a localização no espaço $R^3$ de três pontos distintos $P_1(x_1,\ y_1,\ z_1)$, $P_2(x_2,\ y_2,\ z_2)$ e P (x, y, z). Assumiremos que o ponto P é um ponto divisor do segmento $\overline{P_1P_2}$.

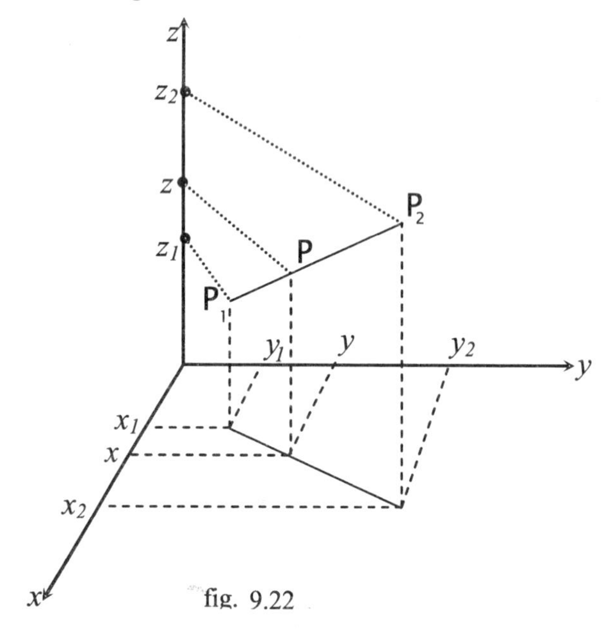


fig. 9.22

Na fig. 9.23 apresentamos os segmentos $\overline{P'_1P'_2}$ e $\overline{P''_1P''_2}$, projeções ortogonais do segmento $\overline{P_1P_2}$ nos planos xy e xz, respectivamente. Os pontos P' e P'' são respectivamente as projeções do ponto P nos planos xy e xz.

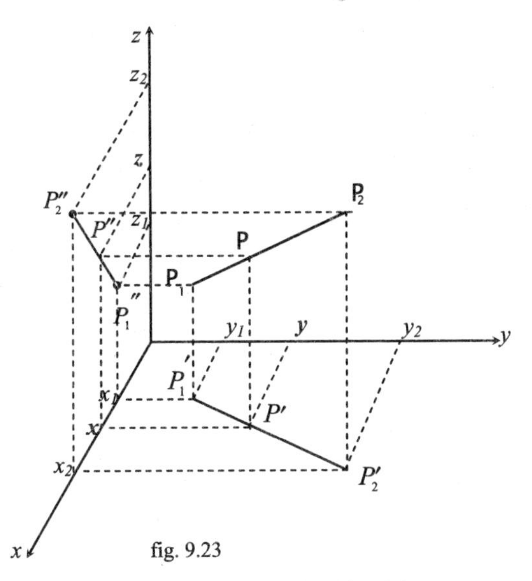


fig. 9.23

Na figura 9.24, temos que os pontos $P'_1$, P' e $P'_2$ são as respectivas projeções ortogonais dos pontos $P_1$,P e $P_2$ no plano xy. Os pontos A, B e C são as respectivas projeções ortogonais dos pontos $P'_1$, P' e $P'_2$ sobre o eixo x.

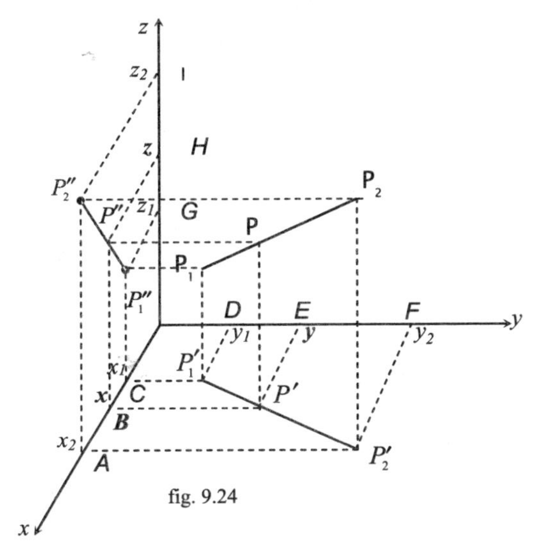


fig. 9.24

O ***Teorema de Talles*** nos permite afirmar que os segmentos $\overline{P_1P_1'}, \overline{PP'}$ e $\overline{P_2P_2'}$ paralelos entre si determinam sobre as transversais $\overline{P_1P_2}$ e $\overline{P_1'P_2'}$ segmentos proporcionais. Da mesma forma os segmentos $\overline{P_1'C}, \overline{P'B}$ e $\overline{P_2'D}$, também paralelos entre si, determinam sobre o eixo x e sobre o segmento $\overline{P_1'P_2'}$ segmentos proporcionais e, portanto podemos escrever:

$$\frac{\overline{P_1P}}{\overline{PP_2}} = \frac{\overline{P_1'P'}}{\overline{P'P_2'}} = \frac{\overline{CB}}{\overline{BA}} = \frac{x - x_1}{x_2 - x} = r$$

$$rx_2 - rx = x - x_1$$

$$-rx - x = -x_1 - rx_2$$

$$rx + x = x_1 + rx_2$$

$$\boxed{x = \frac{x_1 + rx_2}{1 + r}}, \text{ com } r \neq -1$$

De forma análoga teremos:

$$\frac{\overline{P_1P}}{\overline{PP_2}} = \frac{\overline{P_1'P'}}{\overline{P'P_2'}} = \frac{\overline{DE}}{\overline{EF}} = \frac{y - y_1}{y_2 - y} = r \Rightarrow \boxed{y = \frac{y_1 + ry_2}{1 + r}}, \text{ com } r \neq -1$$

$$\frac{\overline{P_1P}}{\overline{PP_2}} = \frac{\overline{P_1'P''}}{\overline{P''P_2''}} = \frac{\overline{GH}}{\overline{HI}} = \frac{z - z_1}{z_2 - z} = r \Rightarrow \boxed{z = \frac{z_1 + rz_2}{1 + r}}, \text{ com } r \neq -1$$

Propor as demostrações dos teoremas 1 e 2 ou fazê-las com os estudantes é um ótimo exercício geométrico e analítico. No entanto, para aplicação das fórmulas demostradas sugerimos os exercícios a seguir.

## Sugestões de Exercícios:

1) Os extremos de um segmento retilíneo são A(1, 2, 4) e B(3, 5, 1). Determinar as coordenadas do ponto C que divide este segmento na razão $\overline{AC} : \overline{CB} = 3$.

2) Os extremos de um segmento retilíneo são D(5, 1, 2) e E(1, 9, 6). Determinar a razão $\overline{DF} : \overline{FE}$ em que o ponto F(2, 7, 5) divide este segmento.

3) O ponto P se encontra sobre o segmento retilíneo cujos extremos são (7, 2, 1) e (10, 5, 7). Se a coordenada y de P é 4, determinar suas coordenadas x e z.

4) Determinar a distância entre os pontos $P_1(1, 3, 2)$ e $P_2(1, 4, 5)$.

5) Determinar o perímetro do triângulo cujos vértices são os pontos: A(2, -5, -2), B(3, 2, 4) e C(2, 3, 1).

6) Encontrar a distância do ponto (2, 6, 3) a cada um dos eixos coordenados e à origem.

7) Encontrar a distância do ponto (3, 4, 2) a cada um dos eixos coordenados.

8) Os extremos de um segmento retilíneo são P1(4, 2, 1) e P2(1, 5, 3). Determinar os comprimentos de suas projeções sobre os eixos coordenados.

## IMPORTANTE:

- É um trabalho muito interessante e de grande aprendizagem, em todos os problemas propor a solução a partir da solução gráfica (geométrica) e das deduções das fórmulas conforme demonstrações dos **teoremas 1 e 2**, ou seja, aplicando os teoremas e propriedades inerentes a solução gráfica.

- Em alguns exercícios iniciar pela solução gráfica pode não ajudar na solução analítica, pois existem exercícios propostos para aplicação direta das fórmulas deduzidas. Mesmo nestes casos é indicado fazer a solução geométrica depois da solução analítica para melhor compreensão do problema.

# Bibliografia

1.DAGOSTIM, Maria Salete; GUIMARÃES, Marília Marques; ULBRICHT, Vânia Ribas, et al. Noções básicas de geometria descritiva. Florianópolis: Ed da UFSC, 1994. 166p.

2.JANUÁRIO, Antônio Jaime. Desenho Geométrico. Florianópolis: Ed. Da UFSC, 2000. 345p.

3.LACOURT, H. Noções e fundamentos de geometria descritiva. Rio de Janeiro: Guanabara Koogan, 1995. XIII, 340p.

4.LEHMANN, Charles H. Geometria analitica. Tradução de Ruy Pinto da Silva Sieczkowski. Porto Alegre : Globo, 1982. 457p. 4. ed.

5.LEAL, Simone. Geometria Analítica e Desenho Geométrico: uma proposta metodológica. 1995. 108 f. Monografia (Especialização em Desenho). Universidade Federal de Santa Catarina – UFSC, Florianópolis, 1995.

6.PUTNOKI, José Carlos. Desenho Geométrico, elementos da geometria. v. I e II, São Paulo: Scipione, 1988.

7.REVISTA DO PROFESSOR DE MATEMÁTICA. Que devolvam a Euclides a régua e o compasso. v. 14, SBM, 1989.

8.SCHWERTL, Simone Leal (2005). Fundamentos de Desenho Geométrico e Geometria Descritiva no ensino de Geometria Analítica. Anais do III Congresso Internacional de Ensino da Matemática. Canoas – RS.

9.SOUZA, Lucilene I. Gargioni (2006). O redesign da representação gráfica espacial no ensino de Engenharia. Anais do XXXIV Congresso Brasileiro de Ensino de Engenharia. Passo Fundo – RS.

**Impressão e Acabamento**
Gráfica Editora Ciência Moderna Ltda.
Tel.: (21) 2201-6662